推荐系统中基于目标项目分析的托攻击检测研究

TUIJIAN XITONG ZHONG JIYU MUBIAO XIANGMU FENXI DE TUOGONGJI JIANCE YANJIU

周 魏 文俊浩◎著

重慶大學出版社

内容提要

由于推荐系统开放性的特点,恶意用户可以通过注入伪造的用户概貌以改变目标项目在推荐系统中的排名,托攻击行为干扰了推荐系统的正常运行,阻碍推荐系统的应用和推广。本书提出了几种托攻击监测的方法:提出一种基于目标项目分析的托攻击检测框架;在基于目标项目分析的托攻击检测框架基础上提出了两种托攻击检测算法;提出了一种结合目标项目分析和支持向量机的检测方法;提出了一种基于目标项目分析和时间序列的托攻击检测算法。

图书在版编目(CIP)数据

推荐系统中基于目标项目分析的托攻击检测研究/周魏,文俊浩著. —重庆:重庆大学出版社,2017.3
ISBN 978-7-5689-0314-1

Ⅰ.①推… Ⅱ.①周…②文… Ⅲ.①计算机网络—研究
Ⅳ.①TP393

中国版本图书馆 CIP 数据核字(2016)第 314727 号

推荐系统中基于目标项目分析的托攻击检测研究
周 魏 文俊浩 著
策划编辑:周 立
责任编辑:陈 力 版式设计:周 立
责任校对:关德强 责任印制:赵 晟

*

重庆大学出版社出版发行
出版人:易树平
社址:重庆市沙坪坝区大学城西路 21 号
邮编:401331
电话:(023) 88617190 88617185(中小学)
传真:(023) 88617186 88617166
网址:http://www.cqup.com.cn
邮箱:fxk@cqup.com.cn (营销中心)
全国新华书店经销
POD:重庆新生代彩印技术有限公司

*

开本:787mm×1092mm 1/16 印张:9 字数:121 千
2017 年 3 月第 1 版 2017 年 3 月第 1 次印刷
ISBN 978-7-5689-0314-1 定价:39.00 元

《2016年(上)中国网络零售市场数据监测报告》显示,2016年上半年中国网络零售市场交易规模达23 141.94亿元,相比2015年上半年的16 140亿元,同比增长43.4%。其中,跨境电商、农村电商、移动电商成为拉动网络零售增长的三驾马车,继续高速发展。电子商务已经直接关系到国民经济的发展和人们的生活。

推荐系统促进了电子商务的发展,同时电子商务的进一步发展依赖于推荐系统自身功能的完善。推荐系统需要用户大量的历史记录作为预测的依据,一般来说,用户提供的历史数据越多,推荐系统向用户推荐的结果就越准确。推荐系统管理者希望用户能够提供对项目真实的评价从而使推荐系统能够产生高质量的推荐服务,然而在现实中,恶意用户利用推荐系统评分驱动的工作机制与开放性的特点来谋求不正当利益。恶意用户向推荐系统中注入虚假评价信息以达到干扰推荐系统正常推荐的目的,其结果是损害正常用户的利益和推荐系统的信誉。例如,在电子商务平台中,部分厂商为了销售更多的商品,向推荐系统注入虚假的评分信息或评论信息来提高商品在推荐系统中的排名;或者使用类似的方法打压竞争对手销售的产品,以此来提高自己商品的销量。现实生活中也不乏这样的例子:索尼影业公司就曾经伪造电影评论信息来宣传正在发行的电影;亚马逊网站曾遭到外来的攻击,当用户浏览宗教相关书籍的时候,系统会向用户推荐有关性方面的书籍。除了恶意程序对推荐系统的攻击之外,现实中还有一群专门提供托攻击服务的人群,称为"网络水军"。例如,手机软件公司为了推广自己开发的软件,通过雇用网络水军来下载使用自己的软件,使得自己的软件在软件排行榜上的名次上升,吸引更多的用户下载使用。网络水军的出现使部分公司通过人为操纵下载量的方式长期占据软件排行榜前列从而导致了不公平竞争。

推荐系统作为一种信息过滤工具,其出现与普及可有效缓解信息过载问题。然而,托攻击通过操纵商品在推荐系统中的排名,使推荐系统向用户推荐被操纵的商品或信息，严重干扰了推荐系统的正常运行，阻碍了推荐系统的应用和推广。托攻击会对推荐系统造成严重的影响，主要表现为以下几个方面：第一，托攻击会影响推荐结果，从而导致用户选择被攻击的项目，这将导致竞争项目之间的不公平。第二，对推荐系统来说，恶意用户概貌被注入后，推荐系统将不能推荐用户感兴趣的项目，这将影响推荐系统的声誉。第三，托攻击干扰了系统对用户的正常推荐，严重阻碍了推荐系统在信息服务、电子商务等领域的应用和发展。为了减少虚假信息对于推荐系统的影响，推荐系统管理者探讨使用各种技术防御恶意程序的攻击。

如何提高推荐系统的抗托攻击能力以及减少托攻击带来的不良影响，本书针对已有推荐系统托攻击检测方法存在的缺陷和不足，在现有用户概貌属性提取技术的基础上，研究推荐系统托攻击特征提取技术及推荐系统托攻击检测方法。

本书研究新的托攻击特征和概貌提取技术，从而提出相应的托攻击检测方法，为推荐系统托攻击检测方法提供新思路。本书针对推荐系统托攻击行为的群体性特点，研究了相应的托攻击检测方法，从而减少托攻击给推荐系统带来的不良影响,对促进推荐系统的正常运行,维护推荐系统的真实性、公平性及对电子商务的良性发展能够起一定的积极作用。

著　者

2017年2月

前言

个性化推荐技术作为一种解决信息超载问题最有效的工具,但是由于推荐系统开放性的特点,恶意用户可以通过注入伪造的用户概貌以改变目标项目在推荐系统中的排名,此类现象称为托攻击。托攻击行为使推荐系统向用户推荐被操纵的商品或信息,干扰了推荐系统的正常运行,阻碍推荐系统的应用和推广。本书的主要内容如下:

分析了推荐系统国内外研究现状和面临的主要挑战;分析推荐系统中相似度计算方法、托攻击检测评价指标和现有的用于托攻击检测的概貌属性,并对推荐系统中概貌属性提取技术进行分析。

针对托攻击群体性特征以及用户评分矩阵稀疏性的特点,提出一种基于目标项目分析(TIA)的托攻击检测框架。首先,找出有攻击嫌疑的疑似托攻击用户集合;其次,构建由这些疑似托攻击用户概貌组成的评分矩阵;最后,通过目标项目分析方法得到攻击意图和目标项目,检索出托攻击用户。

通过分析真实用户概貌和托攻击用户概貌属性值的分布,在基于目标项目分析的托攻击检测框架基础上提出了两种托攻击检测算法,基于 RDMA 和 DegSim 概貌属性的方法(RD-TIA)和基于一种新的概貌属性 DegSim’的检测方法(DeR-TIA)。

针对现有的 SVM 托攻击检测算法存在的缺陷以及推荐系统托攻击检测中存在的类不均衡问题,本书提出了使用自适应人工合成样本方法 Borderline-SMOTE 来缓解类不均衡问题。提出了一种结合目标项目分析和支持向量机(SVM)的检测方法(SVM-TIA)。

根据虚假用户恶意注入的评分信息在时间节点上具有集中性的特点,以及真实评分与托攻击评分在统计学上呈现的不同分布特征,提出了一种基于目标项目分析和时间序列的托攻击检测算法(TS-TIA)。

本书受国家自然科学基金面上项目“基于异构服务网络分析的 Web 服务推荐研究”(No. 61379158),国家自然科学基金青年基金项目“基于用户生成信息分析和异常群组发现的推荐系统托攻击检测研究”(No. 61602070)等项目的资助。

本书的编写和出版受到了重庆大学软件学院的大力支持,在此表示衷心的感谢。

限于本书作者的学识水平,书中疏漏之处在所难免,恳请读者批评指正。

著　者

2016 年 9 月

目录

第 1 章 绪 论

1.1 研究背景与意义

1.1.1 研究背景

随着计算机和网络技术的迅速发展，人们的难题已经从如何获得信息，到如何从海量的信息中找到需要的知识。由于用户难以对海量的信息进行直接利用，这导致信息资源的使用效率较低，即所谓的“信息过载”(Information Overload)问题[1]。当今网络上各类信息纷繁复杂，因此在海量的信息中高效、及时地获取信息显得尤为重要，在海量信息中进行信息检索对用户来说是一个巨大的挑战。日常生活中不乏海量信息的例子，如 Netflix 的电影信息，当当网和亚马逊上的书籍信息，以及 YouTube 上数以万计的视频信息等。如果用户不依靠相应的工具对信息进行过滤，试图找到有用的商品或信息无异于大海捞针，因而信息资源的爆炸式增长反而降低了用户对信息资源的利用率。目前主要有两种工具应对信息过载问题，即搜索引擎和推荐系统。

①搜索引擎是指运用一定的策略，使用特定的程序对互联网上的信息资源搜集整理，对信息组织和处理后，供用户输入关键词查询的系统[2]。它搜集并整理互联网上的信息并根据用户的查询关键词返回相应结果[3]。搜索引擎不仅能够满足人们绝大多数的搜索需求，还可以按照用户的方式对搜索结果进行个性化排序。根据有关调查报告显示，截至2014年6月，中国搜索引擎用户数达到50 749万人，较去年同期增长3 711万人，增长率为7.9%①。这表明搜索引擎已经逐渐融入人们的日常生活之中。

搜索引擎虽然在用户能提供明确需求时功能强大，但是它只能被动地向用户展示信息，无法主动地向用户提供服务，具有一定的局限性。同时对用户而言，将需求表达成一个或者几个合适的关键词是一个较大的挑战。例如，用户面对成千上万的音乐专辑时，往往难以找出符合自己兴趣音乐的关键词。此时搜索引擎难以提供有效的帮助，这就需要一个更为自动化的信息过滤工具帮助用户从庞大的音乐库中找到其感兴趣的音乐。另外，搜索结果的排序受到用户越来越多的关注，如何对搜索结果进行排序显得尤为重要，而竞价排名的出现，也成为搜索引擎被人诟病的原因之一。

②推荐系统是一种通过分析用户的历史行为信息、使用习惯等向用户主动推送信息的工具[4]。电子商务是推荐系统的主要应用领域，在电子商务不断发展壮大的今天，各种商品信息在电子商务网站上不断涌现，用户往往需要花费大量的时间在各类商品信息中寻找自己想要的商品。推荐系统通过对用户的历史消费习惯、点击情况等信息进行分析，向用户呈现感兴趣的甚至是潜在感兴趣的商品，从而减少用户浏览无用信息的时间以帮助用户获得更好的购物体验，并且能够为电子商务站点带来更多的营业额。

---

① http://www.cnnic.net.cn/hlwfzyj/hlwxzbg/

推荐系统促进了电子商务的发展,同时电子商务的进一步发展依赖于推荐系统自身功能的完善。推荐系统需要用户大量的历史记录作为预测的依据,一般来说,用户提供的历史数据越多,推荐系统向用户推荐的结果就越准确。推荐系统管理者希望用户能够提供对项目真实的评价从而使推荐系统能够产生高质量的推荐服务,然而在现实中,恶意用户利用推荐系统评分驱动的工作机制与开放性的特点来谋求不正当利益。恶意用户向推荐系统中注入虚假评价信息以达到干扰推荐系统正常推荐的目的,其结果是损害正常用户的利益和推荐系统的信誉[5]。例如在电子商务平台中,部分厂商为了销售更多的商品,向推荐系统注入虚假的评分信息或评论信息来提高商品在推荐系统中的排名;或者使用类似的方法打压竞争对手销售的产品,以此来提高自己商品的销量。现实生活中也不乏这样的例子:索尼影业公司就曾经伪造电影评论信息来宣传正在发行的电影;亚马逊网站曾遭到外来的攻击,当用户浏览与宗教相关的书籍时,系统会向用户推荐有关性方面的书籍[6]。

为了减少虚假信息对于推荐系统的影响,推荐系统管理者探讨使用各种技术防御恶意程序的攻击[7]。例如,实行实名制,审核系统用户信息,增加恶意用户向推荐系统中注入托攻击概貌的难度;使用验证码,增加恶意程序的攻击成本。然而,这些方法能阻止部分恶意程序,但同时也增加了正常用户使用推荐系统的难度,不利于推荐系统的扩展。

除了恶意程序对推荐系统的攻击之外,现实中还有专门提供托攻击服务的人群,被称为“网络水军”。例如手机软件公司为了推广自己开发的软件,通过雇佣网络水军来下载使用自己的软件,使得软件在软件排行榜上的名次上升,吸引更多的用户下载使用。网络水军的出现造成部分公司通过人为操纵下载量的方式长期占据软件排行榜前列导致了不公平竞争。

研究者对推荐系统遭受的托攻击方式进行了分类,如 Burke 等人[8] 2011 年的研究报告就分析了 4 大种类、8 种不同的攻击策略。推荐系统在受到托攻击之后不能准确地向用户推荐需要的信息,甚至可能向用户提供错误的推荐信息。托攻击的存在降低了推荐系统用户的使用体验,使得用户对推荐系统的信任降低。目前推荐系统托攻击检测研究尚处于初级阶段,且实际应用中攻击者的攻击方法层出不穷,因而需要进一步研究和探索具有普适性和高性能的推荐系统托攻击检测方法。

1.1.2 研究意义

推荐系统作为一种信息过滤工具,其出现与普及可有效缓解信息过载问题。然而,托攻击通过操纵商品在推荐系统中的排名,使推荐系统向用户推荐被操纵的商品或信息,严重干扰了推荐系统的正常运行,阻碍了推荐系统的应用和推广。托攻击会对推荐系统造成严重影响,主要表现为以下两个方面:第一,托攻击会影响推荐结果,从而导致用户选择被攻击的项目,这将导致竞争项目之间的不公平;第二,对推荐系统来说,恶意用户概貌被注入后,推荐系统将不能推荐用户感兴趣的项目,这将影响推荐系统的声誉。托攻击干扰了系统对用户的正常推荐,严重阻碍了推荐系统在信息服务、电子商务等领域的应用和发展。

针对如何提高推荐系统的抗托攻击能力以及减少托攻击带来的不良影响,很多研究者对各类托攻击行为进行了研究,并提出了各种增加推荐系统鲁棒性的推荐方法和具有较高普适性的托攻击检测方法[7,9,10]。本书针对已有推荐系统托攻击检测方法存在的缺陷和不足,在现有用户概貌属性提取技术的基础上,研究推荐系统托攻击特征提取技术及推荐系统托攻击检测方法,研究具有重要的理论和现实意义。

(1)理论意义

已有的推荐系统托攻击检测算法通过提取用户概貌属性值,在概貌属性值的基础上实施托攻击检测。然而当前概貌属性提取方法没有充分利用托攻击行为的群体性属性,不能有效描述已知类型的托攻击及无法对未知类型托攻击进行有效检测,算法检测效率随着用户概貌数据量的增加而降低。为了解决上述问题,本书研究新的托攻击特征和概貌提取技术,从而提出相应的托攻击检测方法,为推荐系统托攻击检测方法提供新思路。

(2)**现实意义**

目前,推荐系统已经在电子商务、个性化服务推荐等领域得到广泛应用。但是恶意用户为了达到操纵推荐排名的目的,对推荐系统注入虚假概貌从而实施托攻击。本书针对推荐系统托攻击行为的群体性特点,研究了相应的托攻击检测方法,从而减少托攻击给推荐系统带来的不良影响,对促进推荐系统的正常运行,维护推荐系统的真实性、公平性及对电子商务的良性发展能够起一定的积极作用。

1.2 国内外研究现状

1.2.1 推荐系统研究现状

20世纪末,个性化推荐系统被首次提出[11],其目的是为了减少信息检索的工作量。1992年John Riedl和Paul Resnick建立了一个新闻推荐系统。该系统通过分析用户对文章的历史评分,挖掘出用户的评分模式,从而预测用户对其他文章的喜欢程度,这是最早的协同过滤系统推荐系统之一[12, 13]。随着互联网技术的不断发展,作为从海量信息中挖掘用户感兴趣信息的工具,推荐系统受到越来越多的重视。通过分析用户历史兴趣爱好,推荐系统在用户群中找出与目标用户相似的近邻用户,并利用近邻用户对商品或信息的评价,预测目标用户对项目或信息的喜好度。推荐系统能够在用户需求不明确的情况下,主动为用户推荐有用的信息[13, 14]。

推荐系统按照使用的技术分类可分为基于内容的推荐、协同过滤推荐、混合推荐3种[15-17],其中协同过滤推荐技术是目前使用范围较广的一种,受到了众多研究者的关注,并在电子商务平台中被广泛应用。协同过滤技术主要包括基于存储的推荐方法和基于模型的推荐方法,另外还有将二者结合的混合型推荐方法。混合型推荐方法同时考虑各类因素来提高推荐算法的精确性,例如用户可信度、关联规则、聚类算法等。协同过滤推荐技术能满足用户的个性化需求,在实际中得到了广泛的应用,如亚马逊[①]、新浪微博[②]、豆瓣[③]、淘宝网[④]等均采用这种方法。另外随着社交网站的兴起,结合社交网络属性信息如身份信息、位置信息等向用户提供推送信息已成为个性化推荐的发展趋势。如社交网络平台 Facebook[⑤] 上的广告推荐就是根据用户的社交网络属性信息向用户推送广告,这是个性化推荐与社交网络平台结合的一个例子。协同过滤推荐技术使用户能更快地选择自己喜爱的商品以提高用户的满意度及购物体验,从而带来巨大的商业价值。

但是相关研究表明协同过滤技术本身存在严重的缺点和不足。协同过滤技术依赖用户描述文件(用户概貌)向用户提供个性化推荐,这将导致协同过滤算法容易受到注入的虚假用户概貌的攻击。尤其是在涉及经济利益的电子商务领域,一些恶意用户在利益的驱使下,将伪造的用户概貌注入推荐系统中,试图操纵项目在推荐系统中的排名,从而使推荐结果更符合这些恶意用户的利益;或者通过类似的手段打压竞争者的商品。恶意用户的这种注入虚假概貌的行为导致的直接结果就是推荐结果受到影响,降低了推荐系统的准确性,使得推荐系统的信誉受损。如何检测针对推荐系统的托攻击以及降低托攻击对推荐系统的影响日益成为一个重要的研究课题。本书通过研究推荐系统托攻击检测算法,旨在提高推荐系统的安全性和公平性,从而促进推荐系统的健康发展。

1.2.2 托攻击检测研究状况

恶意用户向推荐系统中注入虚假用户评分数据或评价信息,试图操

---

① http://www.amazon.com

② http://www.weibo.com

③ http://www.douban.com

④ http://www.taobao.com

⑤ http://www.facebook.com

纵推荐系统推荐结果的行为被称为概貌注入攻击(Profile injection attack),一般简称为托攻击[18, 19]。其中,用户的异常兴趣爱好和托攻击不同,用户的异常兴趣爱好往往是单一的用户概貌,推荐系统不会因单个用户概貌而明显地改变推荐结果;而托攻击行为往往是大量的、群体的、目的性明确的操纵推荐系统推荐结果的行为,这种行为会对推荐系统造成恶意影响[20]。

托攻击对推荐系统平台有很强的威胁,针对推荐系统托攻击,构建防御托攻击算法是研究者积极研究的重点。KDD,SIGIR,ICDM,AAAI,WWW,RecSys,INFORMS Journal on Computing 等多个重要国际学术会议和国际期刊多次报道这方面的研究工作。很多学者都投入推荐系统托攻击检测的研究当中,目前已经取得了一定的研究成果。但是,目前的推荐系统托攻击防范机制并不完善,例如在托攻击检测的普适性和准确性方面,仍旧需要更加深入的研究。

推荐系统能够主动地向用户推荐有用信息从而得到广泛的应用[21]。推荐算法一般通过挖掘用户评分信息向用户提供推荐项目,其中,推荐系统的评分矩阵由用户、项目以及用户对项目的评分组成[22]。在正常情况下,用户和项目数量越多,用户对项目的评分越多,推荐系统的推荐质量越高[23]。推荐系统成立之初,管理者为了尽可能多地收集用户评分信息,简化了注册审查的流程以便让更多的用户创建账号,从而使推荐结果更为准确[20]。但是实际中恶意用户利用这种推荐系统开放性的特点,有目的地向推荐系统中注入伪造的评分数据,试图改变某些商品在推荐系统中的排名,而导致其他用户收到不准确的推荐信息[18, 19]。如有的商品销售者为获取更高的市场占有率,设法贬低竞争销售者的商品,打压其竞争对手,造成不公平竞争[24]。或者为了达到某种目的蓄意对推荐系统注入不客观或者有偏见的评分数据或评论信息,试图改变这些商品在推荐系统中的排名以提高自身商品的推荐频率[25]。托攻击行为的存在严重干扰了推荐系统的正常运行,导致用户不能购买或选择真正需要的商品和信息,损害正常用户正当利益,并使得用户不信任推荐系统的推荐结果，从而导致推荐系统信誉和利润损失[26]。因此，将此类托攻击评分概貌从推荐系统中找出并消除其影响是一个迫切需要解决的问题。

1.3 研究内容和创新点

1.3.1 研究内容

针对现有推荐系统托攻击检测研究中的问题，本书就基于目标项目分析的托攻击检测展开研究。研究内容主要包括：目标项目分析的托攻击检测模型、推荐系统托攻击概貌属性分析技术、托攻击概貌类不均衡问题、用户评分时间序列分析等。本书在基于目标项目分析的托攻击检测框架的基础上，提出了 3 种托攻击检测算法。本书研究路线图如图 1.1 所示。

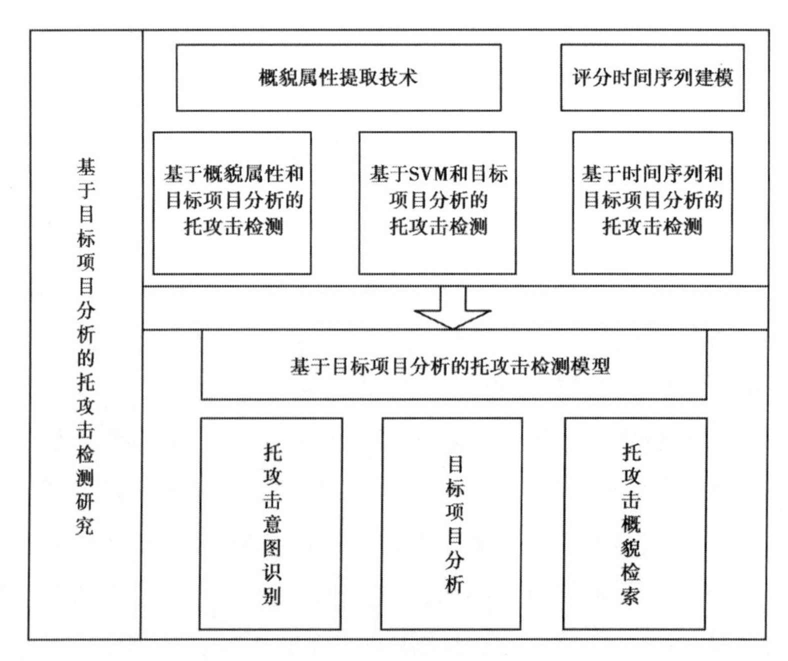

图 1.1 研究路线图

本书主要研究内容包括：

①研究了推荐系统托攻击群体性和时效性的特征，提出了一种基于目标项目分析的托攻击检测框架。框架主要思想是通过寻找有攻击嫌疑的疑似用户概貌集合，分析由这些疑似托攻击概貌组成的评分矩阵，结合目标项目分析技术，辨别托攻击类型，并通过目标项目的评分和攻击类型检测出托攻击概貌。

②针对真实用户概貌和托攻击概貌属性值分布的特点，在目标项目分析的托攻击检测框架的基础上提出了两种托攻击检测方法 RD-TIA 和 DeR-TIA。RD-TIA 算法首先提取用户概貌的 DegSim 和 RDMA 属性值，然后将最可能是托攻击概貌的用户分离出来；最后利用目标项目分析的托攻击检测框架检索出托攻击概貌。针对 DegSim 在选择项目数发生变化时属性值不稳定的问题，DeR-TIA 算法在 DegSim 的基础上提出了一个新的概貌属性 DegSim'，此属性将每个评分级别的 DegSim 值映射到一个新的区间内，使得托攻击用户概貌的 DegSim'值高于正常用户概貌的 DegSim'值。新的概貌属性解决了 RD-TIA 算法仅能检测随机攻击模型和均值攻击模型的弊端，从而能够有效检测流行攻击模型、段攻击模型的托攻击。

③针对无监督算法需要先验知识过多的缺陷，提出了结合支持向量机和目标项目分析的托攻击检测方法，该算法基于支持向量机和 K 最近邻方法实现托攻击检测。针对系统标注样本的类不均衡问题以及现有的基于 SVM 攻击检测算法存在的缺陷，提出了一种新的托攻击检测算法 SVM-TIA，SVM-TIA 使用自适应人工合成样本方法 Borderline-SMOTE 来解决类不均衡问题。算法在一定程度上提高了推荐系统托攻击检测的精度，从而能一定程度上保证推荐系统的鲁棒性。

④提出基于目标项目分析和时间序列的托攻击检测算法，利用注入的评分信息在时间节点上的集中性特点以及该评分分布与真实评分分布的不同，将每个项目评分按照时间戳排序，并将评分序列分成若干个时间窗口。利用包含托攻击评分的时间窗口和不包含托攻击评分时

间窗口在样本均值和样本熵标准分分布上呈现差异,该方法能够根据攻击规模自适应地改变时间窗口值的大小以最大化正常窗口和包含托攻击评分窗口的样本均值、样本熵的差异。通过计算评分区间的样本均值和样本熵,找出异常的评分区间。在异常评分区间中应用基于目标项目分析的托攻击检测技术,检测托攻击评分所在的时间位置,锁定可疑时间窗口,进而利用在这个时间段内的用户、项目以及项目评分组成的评分矩阵,结合本书提出的基于目标项目分析的方法过滤真实评分概貌,以达到检测托攻击概貌的目的。本算法在托攻击评分集中分布时检测效果最明显,并且能够在推荐系统用户和项目增加时,具有较低的算法运行时间开销。

1.3.2 研究创新点

本书研究具有以下创新点:

①提出了一个基于目标项目分析的方法,并在此基础上提出了基于目标项目分析的托攻击检测框架。

通过研究分析托攻击行为群体性、时效性以及托攻击者对目标项目评分的特点,首先找出可能是攻击概貌的疑似用户概貌集合,然后通过目标项目分析的托攻击检测模型分析由疑似托攻击概貌组成的评分矩阵,辨别攻击意图,识别目标项目,检索出托攻击概貌。

②提出了一种新的概貌属性 DegSim'。

针对已有概貌属性在选择项目数变化时不能对复杂类型检测的问题,提出了一种新的概貌属性 DegSim',该属性通过计算每个评分级别的 DegSim 值,将每个评分级别的 DegSim 值映射到一个新的区间内。当选择项目数变化时,此属性对正常用户概貌与恶意用户概貌有较好的区分度。

③在用户评分级别而不是概貌级别识别托攻击。

针对推荐系统中真实用户在某段时间内呈现攻击行为特点的现象,本书提出基于时间序列和目标项目分析的托攻击检测算法 TS-TIA,在托攻击评分信息级别进行攻击检测，从而避免对正常用户的误判，提高了托攻击识别的精准度。

1.4 本书组织结构

本书由7个章节构成，第1章和第2章是对推荐系统托攻击相关理论分析及研究现状和文献综述。第3章提出了一种基于目标项目分析的推荐系统托攻击检测框架。在此框架基础上，第4章到第6章针对不同的托攻击类型提出了3种不同的推荐系统托攻击检测方法，并通过实验验证了所提出方法具有较优的检测性能。第7章是结论与展望。每章的具体内容如下所述。

第1章 绪论

分析了推荐系统和推荐系统托攻击的研究背景、现状以及目前推荐系统托攻击检测主流的检测方法，并提出本书的主要研究内容、研究目的。

第2章 推荐系统与推荐系统托攻击检测综述

首先对推荐系统现状和推荐系统托攻击检测进行了综述；然后，归纳总结了目前推荐系统面临的挑战，并分析与讨论了托攻击检测的研究方向；最后分析了推荐系统中的相似度计算方法和托攻击检测算法评价指标。

第3章 基于目标项目分析的推荐系统托攻击检测框架

研究了托攻击群体性、时效性以及托攻击者对目标项目评分的特性，提出了一种基于目标项目分析的托攻击检测框架。该框架的思想是首先寻找有攻击嫌疑的疑似用户概貌集合，分析由这些用户概貌组成的评分矩阵，通过目标项目分析方法辨别托攻击的攻击类型，最后根据目标项目的评分和攻击类型检索攻击用户。

第4章 基于概貌属性和目标项目分析的托攻击检测研究

在基于目标项目分析的托攻击检测框架的基础上提出两种基于目标项目分析和概貌属性提取的托攻击检测方法 RD-TIA 和 DeR-TIA。RD-TIA 算法首先提取用户概貌的 DegSim 和 RDMA 概貌属性,使用统计方法,将最可能是托攻击概貌的用户分离出来;然后通过目标项目分析的托攻击检测框架来检索托攻击概貌。RD-TIA 算法用来检测托攻击中的均值攻击和随机攻击模型。在 RD-TIA 算法的基础上,通过改进 DegSim 概貌属性,提出了一种能检测随机攻击、均值攻击、流行攻击、段攻击以及混合攻击模型的托攻击算法 DeR-TIA。

第 5 章　基于支持向量机和目标项目分析的托攻击检测研究

针对基于无监督的托攻击检测算法需要系统先验知识过多,提出了使用基于监督学习的方法检测推荐系统托攻击的算法。并考虑到托攻击检测中类不均衡问题以及现有的基于支持向量机的攻击检测算法存在的缺陷,提出了使用自适应人工合成样本方法 Borderline-SMOTE 来缓解类不均衡问题。通过在 MovieLens 数据集上实验并与相关工作对比,验证了所提出方法的有效性。

第 6 章　基于时间序列和目标项目分析的托攻击检测研究

为了适应推荐系统动态性的要求,提出了一种基于目标项目分析和时间序列的托攻击检测算法 TS-TIA。TS-TIA 算法将每个项目上的评分按照时间戳排序,并将评分序列分成若干个时间窗口,通过计算该区间的样本均值和样本熵,找出异常的评分的时间区间,并在异常评分的时间区间的评分矩阵中应用基于目标项目分析的托攻击检测模型实现托攻击检测。实验表明,与其他算法相比,TS-TIA 算法大大缩短了托攻击检测所需的计算时间,并能够在评分矩阵较大时提高托攻击检测的效率。

第 7 章　结论与展望

本书研究工作的结论及工作展望。

1.5 本章小结

本章分析了本书研究的背景和意义,阐述了国内外研究现状,分析了现有的托攻击检测算法,总结当前研究中存在的问题和不足,介绍了本书研究内容和创新点,并对本书研究路线以及各章节之间的关系进行概述。

第 2 章 推荐系统与推荐系统托攻击检测综述

2.1 推荐系统综述

信息过载是互联网用户必须面对的一个问题,推荐系统作为一种信息过滤工具,能有效缓解信息过载问题[1]。推荐技术作为一个多学科交叉的领域,涉及信息科学、近似理论、预测理论、管理科学、计算数学、统计学、认知科学等多个学科[13]。推荐系统通过建立用户—产品的二元关系,利用用户历史行为挖掘用户潜在兴趣爱好,从而向用户提供个性化推荐。目前,越来越多的研究关注推荐系统中的关键问题[13, 27-29]。如文献[30]将个性化推荐定义为自动调整、重新组织和定制信息的过程。个性化推荐技术在电子商务领域得到了广泛应用,并大大促进了电子商务自身的发展。如亚马逊的报告显示 35%的商品销售额由推荐系统产生[1]。而典型的电子商务推荐系统包括诸如苹果公司的 iTunes 音乐电影推荐、Amazon.com 商品推荐、京东商城推荐系统、电影推荐系统 MovieLens[31]、国内的豆瓣电影①、新型音乐推荐系统 MusicSurfer 等[14]。

2.1.1 推荐系统分类

当前的研究对推荐系统的分类并没有统一的标准[1],按照所使用推荐算法的不同,推荐系统可分为协同过滤推荐系统、基于内容的推荐系统、结合二者的混合推荐系统[32]以及基于用户—产品二部图网络结构的推荐系统4类[1,30]。按预测方法分类,推荐系统可分为基于模型的推荐系统[33]和基于记忆的推荐系统[34]。按知识源进行分类,推荐系统可分为协同推荐系统[22]、基于内容的推荐系统[33]、基于知识的推荐系统等[35],本书采用第一种分类方法对推荐系统进行分类。

(1)协同过滤推荐系统

协同过滤推荐技术是被应用较为广泛的推荐技术之一。协同过滤通过分析用户A的喜好和历史行为习惯,建立用户兴趣模型,然后在用户群中找到与用户A兴趣相似的邻居用户,通过分析相似用户对某项目的评分,预测得到用户A对此项目的喜好度[36]。按照选择近邻类型的不同,协同过滤推荐系统可以进一步分为基于用户的和基于项目的协同过滤推荐。

基于用户的协同过滤通过用户对项目的评分向量计算得到各个用户之间的相似性,然后在用户相似性的基础上做出推荐[37]。基于项目的协同过滤推荐算法是由Sarwar等人[38,39]在第十届WWW会议上首次提出的,该方法将项目受到的用户评分表示为向量的形式,然后计算向量之间的距离从而得到不同项目间的相似度,最后在项目间相似度的基础上做出推荐[40]。如亚马逊网站使用的推荐算法就是典型的基于项目的推荐技术。

综上所述,协同过滤推荐技术主要有下述几个方面的优点。

①通过共享相似用户的历史记录,推荐系统能够对计算机难以识别

---

① http://movie.douban.com/

和理解的信息,如书籍、音乐、文字等进行信息过滤。

②能够发现用户潜在的兴趣爱好并向用户推荐,从而具有向用户推荐新信息的能力。

协同过滤作为一种应对信息过载的工具得到了广泛应用,但也存在许多问题,协同过滤技术主要面临两个问题:一是评分数据稀疏性问题。由于系统中的评分矩阵极度稀疏,指定用户或项目很难找到最近邻,因而系统使用不完整的信息进行评分预测,影响了推荐结果;另一问题是可扩展性问题。在实际电子商务系统中,随着用户量和项目数据的不断增加,所需的计算量迅猛增长,这对推荐算法的可扩展性是一个挑战[41]。

(2)**基于内容的推荐系统**

与协同过滤推荐系统相比,基于内容的推荐系统不受评分矩阵稀疏性问题的约束,能对新产品进行推荐,并能够发现隐藏信息。例如在视频推荐系统中,系统首先分析用户的历史浏览信息从而得到用户的历史偏好向量,同时对视频的特点进行向量描述(类别、长度、清晰度等属性),进而计算得到视频与该用户历史偏好向量的相似度,最后选择相似度较高的视频推荐给用户。

(3)**混合推荐系统**

为了避免单一类型推荐系统的不足,混合推荐系统结合基于内容的推荐系统和协同过滤推荐系统的优点构建而成。其中,协同过滤技术消除了对资源描述信息的依赖,而基于内容的推荐技术可以帮助解决冷启动问题和评分数据稀疏性等问题[42]。混合推荐系统已经在电子商务等领域得到了广泛应用,并具有比单一类型推荐系统更良好的推荐结果[34, 43]。

2.1.2 相似度计算方法

相似度计算是推荐算法的重要组成部分,在推荐算法做出推荐之前,需要计算用户间的相似度或者项目间的相似度。其中,皮尔森相关系数、余弦相似性和修正余弦相似性是较为常用的 3 种相似度度量方法,本书以皮尔森相关相似度和余弦相似度为例计算用户间的相似性[13]：

$$r_{Sim(u,v)} = \frac{\sum_{i \in I(u) \cap I(v)} (r_{u,i} - \overline{r_u})(r_{v,i} - \overline{r_v})}{\sqrt{\sum_{i \in I(u) \cap I(v)} (r_{u,i} - \overline{r_u})^2} \sqrt{\sum_{i \in I(u) \cap I(v)} (r_{v,i} - \overline{r_v})^2}} \tag{2.1}$$

$$r_{Sim(u,v)} = \frac{\sum_{i \in I(u) \cap I(v)} (r_{u,i} r_{v,i})}{\sqrt{\sum_{i \in I(u) \cap I(v)} r_{u,i}^2} \sqrt{\sum_{i \in I(u) \cap I(v)} r_{v,i}^2}} \tag{2.2}$$

公式(2.1)和公式(2.2)分别是用户间皮尔森相关相似度和余弦相似度计算公式。其中 u 和 v 是推荐系统中的用户，$r_{u,i}$ 是用户 u 对项目 i 的评分，其中 $\overline{r_u}$ 是用户 u 对项目评分的均值；$r_{Sim(u,v)}$ 是用户 u 和 v 的相似度，$I(u)$ 是用户 u 评过分的项目集合，$I(u) \cap I(v)$ 是用户 u 和用户 v 评过分项目评分集合的交集。

2.2　推荐系统托攻击

“托攻击”一词在 2002 年被首次提出[18, 28]。恶意用户通过某种攻击模型，伪造用户评分概貌，并使得伪造的用户评分概貌在评分矩阵中成为正常用户的邻居。由于协同过滤技术是基于最近邻来产生推荐结果的，并且推荐系统具有公开的特性，因此恶意用户能够伪造成为正常用户邻居的方式干预推荐系统推荐结果，从而增加或减少目标项目被推荐的次数[44]。为了更好地理解推荐系统托攻击，本节先给出基于用户的协同过滤推荐系统和托攻击检测相关的几个名词。

用户(Users)：推荐系统中评分的主体，评分主体一般是人。

项目(Item)：推荐系统中供用户评分的商品或信息，这些商品或信息可以是电影、书籍、音乐等。

项目评分(Rating on Item)：在推荐系统中，用户对某个项目的评分。分值一般为整数，如 1、2、3、4、5。0 表示用户未在该项目上评分。

评分矩阵(Rating Matrix):由用户、项目以及用户对项目的评分组成的一个二元矩阵。

概貌(Profiles):在基于用户的推荐系统中,一个用户对所有项目评分的集合称为这个用户的概貌。

托攻击者(Shilling Attackers):托攻击者是在推荐系统中,为了达到某种目的,在推荐系统中注入人造的评分数据,以达到改变推荐系统推荐结果的目的用户,也称为恶意用户。

托攻击概貌(Shilling Attack Profiles):托攻击者实施托攻击行为时向系统注入的虚假评分的集合构成用户评分概貌,称为托攻击概貌。

目标项目(Target Item):托攻击者选择攻击的项目。

填充项目(Filler Item):为了防止被轻易检测出,除了目标项目评分外,托攻击者选取的其他评分项目的集合进行评分,从而使托攻击概貌与真实概貌尽可能相似。

未评分项目(Unrated Item):在一个用户概貌中,用户未评分的项目的集合。评分矩阵中一般用整数"0"表示该用户未对对应位置上的项目评分。

攻击模型(Attack Model):托攻击者为了达到不同的托攻击目的所采用的目标项目和填充项目的选择方式和评分方式。

攻击目的(Attack Intent):攻击目的表示攻击者执行的一次攻击的意图。攻击者根据目标项目的喜好程度,主要分为提高目标项目排名的"推攻击(push attack)"和降低目标项目排名的"核攻击(nuke attack)"。

填充规模(Filler Size):攻击概貌中填充评分的个数占评分矩阵中所有项目的个数或比率。

攻击规模(Attack Size):攻击者实施一次攻击所使用的托攻击概貌的个数或占评分矩阵中所有概貌的比率。

2.2.1 托攻击攻击模型建模

推荐系统攻击行为建模主要研究恶意用户根据推荐系统、评分矩阵、用户和项目等知识,实施托攻击所使用的方法。托攻击者按照一定的规则,即托攻击模型,生成大量评分概貌,将这些评分概貌注入推荐系统评分矩阵中,完成托攻击。托攻击模型可用以下四元组表示。

$$M_{ATT} = < \chi, \sigma, \lambda, \gamma > \tag{2.3}$$

其中 M_{ATT} 是攻击模型,其由四要素组成。χ 是为目标项目集合 I_T 确定评分数据的函数,I_T 集合可以是一个,也可以是多个;对于推攻击,$\chi(I_T) = r_{\max}$,对于核攻击,$\chi(I_T) = r_{\min}$。σ 表示 $I-I_T$ 的选择函数,包括攻击概貌中的选择集合 I_S 和填充集合 I_F;$\sigma(i_t, I, U, X) = <I_S, I_F, I_E>$,其中 I 是项目集合,U 是用户集合,X 是某种特定的攻击类型的各种参数集合,I_E 表示未评分集合。λ 和 γ 是确定选择集合 I_S 和填充集合 I_F 评分数据的函数。

为了达到改变目标项目排名的目的,托攻击者将由一种或多种攻击模型生成托攻击概貌注入推荐系统中[45, 46]。对托攻击者来说实施托攻击有两个目标:第一是注入多个攻击概貌以达到攻击意图(推攻击或者是核攻击);第二个是使注入的攻击概貌尽量不被发现,这就要求攻击概貌尽量与真实用户概貌相似,从而避免被检测到。托攻击检测算法则尽可能对托攻击者进行检测,为了对托攻击的效果进行评定,下面介绍几种托攻击的评价指标。

(1)**费效比(cost/benefit)**

费效比是指攻击成本/攻击效果是从攻击者的角度出发,计算向推荐系统注入托攻击概貌的成本和获得的效益之比。攻击成本是指托攻击者向推荐系统注入攻击概貌时付出的时间成本和经济成本。而费效比指的是托攻击者实施托攻击的成本与带来的经济效益之比,费效比越低,攻击效果越好。攻击成本可使用以下指标来评价[47, 48]。

1)攻击规模

攻击规模是指恶意用户注入的攻击概貌占正常概貌的比例。对攻击者来说,向系统中注入的攻击概貌越多,攻击效果越好,相应的攻击难度也就越大。

2)经济成本

经济成本是指恶意用户实施托攻击的经济成本。例如有的推荐系统要求在用户对项目评分之前,需要先购买一些商品,这些商品的购买代价就是托攻击的经济成本。

3)领域知识

领域知识是指实施攻击所需要的有关推荐系统的知识。假如托攻击用户事先知道用户与项目评分的分布情况,则更容易实施托攻击。

4)系统界面

系统界面是指托攻击者与推荐系统交互的难度。例如,动态验证码会增加托攻击者注入托攻击的难度和时间。

(2)**MAE(Mean Absolute Error)**

MAE[49]是计算推荐系统预测评分与用户评分差异的度量。如公式(2.4)所示,$r_{u,i}$是用户 u 对项目 i 的评分,而 $\hat{r}_{u,i}$是推荐算法计算出的用户 u 对项目 i 的预测评分。N 是所有预测的数目。

$$r_{MAE} = \frac{\sum_{u,i} |r_{u,i} - \hat{r}_{u,i}|}{N} \tag{2.4}$$

(3)**预测偏移(Prediction shift)**

预测偏移是一次托攻击实施前后预测值变化的度量[106],因此预测偏移可以度量托攻击对推荐系统的影响。其中 $p_{u,i}$是托攻击概貌注入之前的推荐系统在向用户 u 在 Item_i 上的推荐评分;$p'_{u,i}$是托攻击概貌注入之后的推荐系统在向用户 u 在 Item_i 上推荐的评分;二者之差 $\Delta_{u,i}$就是托攻击概貌注入后,用户 u 在 Item_i 上预测变化值。

公式(2.5)计算用户 u 在 Item_i 上的预测评分值 $p_{u,i}$。

$$p_{u,i} = \bar{r}_u + \frac{\sum_{v \in U_{u,i}} [w_{u,v}(r_{v,i} - \bar{r}_v)]}{\sum_{v \in U_{u,i}} |w_{u,v}|} \tag{2.5}$$

公式(2.6)计算在托攻击概貌注入推荐系统后,实用推荐系统算法计算用户 u 在 Item_i 上的预测评分值 $p'_{u,i}$。

$$p'_{u,i}=\overline{r_u}+\frac{\sum_{v\in U_{u,i}}[w_{u,v}(r_{v,i}-\overline{r_v})]}{\sum_{v\in U_{u,i}}|w_{u,v}|} \tag{2.6}$$

公式(2.7)计算攻击前后用户 u 在 $item_i$ 上的预测评分值的偏移量。

$$\Delta_{u,i}=|p'_{u,i}-p_{u,i}| \tag{2.7}$$

公式(2.8)计算攻击前后在 $item_i$ 上所有未评分项的预测评分值的偏移量的平均值。

$$\Delta_i=\sum_{u\in U_T}\frac{\Delta_{u,i}}{|U_T|} \tag{2.8}$$

公式(2.9)计算攻击前后,推荐系统中所有未评分项的预测评分值的偏移量的平均值。

$$\overline{\Delta}=\sum_{u\in I_T}\frac{\Delta_i}{I_T} \tag{2.9}$$

2.2.2　攻击模型分类

托攻击概貌是由不同类型的攻击模型生成的,因而攻击概貌的主要构成部分是相同的。本节将介绍托攻击概貌组成结构,然后再介绍不同类型的托攻击模型。托攻击概貌的一般结构见表2.1。

表2.1　托攻击概貌的结构

攻击模型	I_S	I_F	I_T	I_E
随机攻击	∅	随机评分	最高分/最低分	∅
均值攻击	∅	平均评分	最高分/最低分	∅
流行攻击	流行项目	随机评分	最高分/最低分	∅
段攻击	相似项目	最高分/最低分	最高分/最低分	∅
喜/憎攻击	∅	最高分/最低分	最高分/最低分	∅

从表2.1可以看出,一个托攻击概貌主要包含4个部分[50]。I_S 为选择项目集合,通常是项目集合中比较流行或者评分比较多的项目;I_F 为

填充项目集合,攻击者为了使攻击概貌不容易被检测到,在项目集合中选择的一定数量的项目;I_T 为目标项目集合,是攻击者攻击的对象,根据攻击类型和攻击意图不同,一次攻击中有单个或者多个目标项目;I_E 为未评分项目集合,即攻击概貌中未被评分的项目的集合。根据部分项目选择方式和评分方式的不同而得到不同的攻击模型。

(1)**随机攻击(Random attack)**

如表 2.1 所示,随机攻击模型的选择项目集合为空($I_S=\varnothing$);目标项目 I_T 的评分按攻击意图 $I_T=r_{max}$(推攻击)或 r_{min}(核攻击)。填充项目集合 I_F 是从项目集合 $I-I_T$ 中随机进行选取,并且对 $\forall$ Item $\in I_F$,有 $I_F \sim N(\mu,\sigma^2)$,其中 μ 和 σ 分别是评分矩阵中所有项目评分均值和标准差。对攻击者来说,随机攻击是一种低知识成本的托攻击,托攻击者只要知道推荐系统评分矩阵中项目评分的均值与标准差就可以实施攻击,而攻击者很容易得到这两个值[25]。

(2)**均值攻击(Average attack)**

均值攻击模型是一种和随机攻击模型相似的一种攻击模型。均值攻击模型各个组成部分如下:选择项目集合为空($I_S=\varnothing$);目标项 I_T 的评分也满足 $I_T=r_{max}$(推攻击)或 r_{min}(核攻击);填充项目集合 I_F 是从项目集合 $I-I_T$ 中随机进行选取,并且对 $\forall$ Item $\in I_F$,有 $I_F \sim N(\mu,\sigma^2)$,其中 μ 和 σ 分别是评分矩阵中所有项目评分均值和标准差。与随机攻击模型不同,均值攻击模型用于抽样项目评分的正态分布是由每个项目决定的,因而相对随机攻击模型,均值攻击模型是一种较高知识成本攻击。攻击者构造托攻击概貌时,需得到评分矩阵中每个填充项目评分的统计数据。由于均值攻击模型生成的托攻击概貌和真实用户概貌非常相似,因而具有较强的抗托攻击检测能力[51]。

(3)**段攻击(Segment attack)**

段攻击模型[47, 52]除了能对特定的目标项目实施攻击,还能够对段内的一组项目实施攻击[53]。在段攻击模型中,攻击者为了达到攻击目的,需要最大限度地提高目标项目与段内选择项目集合的相关性,并降低目标项目与段内填充项目集合 I_F 的相关性。例如,推荐系统把数据结构相关书籍推荐给选购了《C++程序设计》的群体,而不是推荐给经常购买奶粉的群体。段攻击通过 I_S 选择攻击对象,从而绑定目标项目到相应用户群。攻击者选择的选择项目集合 I_S 的项目类型和目标项目类型一致,其中选择填充集合 I_S 的用户群就是其攻击对象。段攻击模型组成结构如下:托攻击者对选择项目集合 I_S 与目标项目评最高分,即对 $\forall \text{Item} \in I_S$,令 $I_S = r_{\max}$ 且 $I_T = r_{\max}$;填充项目集合 I_F 是从项目集合 $I-I_S-I_T$ 中进行随机选取,对 $\forall \text{Item} \in I_F$,有 $I_F \sim r_{\min}$。段攻击模型仅需要知道目标项目类似的项目而不需要知道项目的平均得分,因此是一种低知识成本的攻击模型[26, 78],且段攻击能显著影响推荐系统对选择项目集合绑定的相应用户群的推荐[53]。段攻击模型是一种低知识成本的攻击模型[24, 48]。

(4)**流行攻击(Bandwagon attack)**

流行攻击模型是一种特殊的随机攻击,它与随机攻击模型的最大区别是其选择项目集合 I_S 是非空的。托攻击者选择具有较高关注度的项目集合作为流行攻击的选择项目集合 I_S。选择项目集合 I_S 通常是流行度较高的项目,流行攻击模型托攻击概貌组成结构如下:将所有选择项目集合 I_S 内的项目赋予最高评分;填充项目集合 I_F 和随机攻击模型中的一致,均是从集合 $I-I_S-I_T$ 随机选取,对 $\forall \text{Item} \in I_F$,有 $I_F \sim N(\mu, \sigma^2)$,其中 μ 和 σ 分别是评分矩阵中所有项目评分均值和标准差。目标项目 $I_T = r_{\max}$(推攻击)或 $r_{\min}$(核攻击)。例如在电影推荐系统中,攻击者选择正在流行的电影作为其选择填充项,例如将有普遍用户好评的电影《魔戒》和《机器人总动员》等好评的项目作为其选择填充项,给予最高评分。流行攻击模型体现了 20/80 法则:80%的项目评分用在 20%的项目上。由于很多用户对这些流行项目评分较高,所以流行攻击概貌与很多真实用户概貌有较高的相似度。与随机攻击一样,流行攻击也是一种低知识成本攻击,引入了选择填充项,比较适合在实际环境中部署[54]。

(5)**喜/憎攻击(Love/Hate attack)**

随机攻击模型、均值攻击、段攻击以及流行攻击等攻击模型都可以用作推攻击或者核攻击意图。但是不是所有的攻击模型都适合同时实施两种攻击。喜/憎攻击模型就是为核攻击专门设计的。喜/憎攻击模型比较简单,仅需要较少的系统知识,并对目标项目给予最低评分,而对其他的项目给予最高评分。即:$I_T=r_{max}$(推攻击)或r_{min}(核攻击);对于攻击概貌的其余部分,填充项目集合I_F随机选自集合$I-I_T$,$I_F=r_{max}$(核攻击)或r_{min}(推攻击)。

除上述攻击模型,还有一些不太常见的攻击模型,如扰动攻击[55, 56],反流行攻击和试探攻击等[48, 57]。也有将已有的几种类型的攻击概貌混合在一起的混合攻击模型[19],例如,攻击者将随机攻击模型和均值攻击模型按比例生成混合攻击概貌,对目标项目实施攻击。混合攻击模型有较好的伪装能力,近年来受到研究者的关注和讨论。

2.3 推荐系统托攻击检测

2.3.1 托攻击检测方法

随着推荐系统和推荐技术受到越来越多的重视,推荐系统托攻击检测技术已经成为推荐系统领域的研究热点[58-60]。推荐系统托攻击检测研究虽然起步较晚,但现有的研究从不同角度研究托攻击检测,按照工作机制分为两类:一类是通过挖掘推荐系统中用户—项目评分矩阵,分析托攻击评分概貌与正常评分概貌的差异对托攻击进行检测;另一类是指利用除用户—项目评分矩阵以外的信息,挖掘包括评分时间序列[61]、用户关系[62]、标签信息[63]、用户信任度[10, 52, 64, 65]等在内的信息,以达到检测托攻击的目的。在挖掘用户—项目评分矩阵的托攻击检测算法中,有的算法直接对用户—项目评分矩阵进行分析从而实现对恶意用户的检测[66],但是此类方法只能针对用户和项目较少的评分矩阵。所以目前大多数托攻击检测技术致力于研究在评分矩阵概貌级别对托攻击概貌和正常用户概貌进行区分,从而消除托攻击概貌在推荐系统中的影响[7]。托攻击概貌一般是由某种攻击模型生成,并且托攻击概貌之间具有群体性的特性;另外攻击概貌和真实概貌在个体上具有不同概貌属性值,如正常用户与恶意用户的概貌中某些项目受到评分的个数及目标项的评分存在差异[67],利用这些特征将有助于托攻击检测[49]。

托攻击者往往利用某一种或多种攻击模型构建攻击概貌[68]。对托攻击者来说实施托攻击有两个目标:第一个是注入攻击概貌以达到攻击意图(推攻击或者是核攻击);第二个是避免注入的攻击概貌被发现,这就要求攻击概貌尽量与真实用户概貌相似,避免被检测到。但是攻击概貌和真实概貌在评分特征和群体特征上仍然具有差异,所以找出攻击概貌的群体性特征及发现托攻击概貌异于真实用户概貌的评分特征是设计出高效托攻击检测方法的关键。如果将推荐系统托攻击检测看成一个二分类问题,那么分类器的目的是将一个用户概貌归入“真实”或“攻击”两类之一[7]。托攻击分类器可通过分类技术或聚类技术实现。通过概貌属性提取技术提取用户概貌属性,并结合机器学习方法可以将托攻击概貌从真实概貌中分离出来。按分类器需要的样本标签的多少可以将托攻击检测技术分为三大类[11, 69, 70]:基于监督学习的托攻击检测算法[71-73],基于无监督学习的托攻击检测算法[74-77],以及基于半监督学习的托攻击检测算法[35, 78, 79]。下面详细介绍这几种托攻击检测算法。

(1)基于监督学习的托攻击检测算法

基于监督学习的托攻击检测方法是通过概貌属性提取技术,提取用户概貌属性,使用有标签的用户概貌属性数据作为训练集,构造一个分类器,并在测试集上对未知标签的用户概貌进行分类[67, 80]。基于监督学习的托攻击检测方法分为训练和测试两个过程。在训练过程中,在训练集上使用基于监督学习算法生成一个分类模型,构造分类器;在测试过程中,在测试集上使用得到的分类器对测试集分类,并计算分类结果的准确性[81]。因此,使用概貌属性提取技术提取能够有效区分攻击概貌和正常概貌的概貌属性,是基于监督学习的托攻击检测算法的前提[82]。文献

[78]在这些用户概貌属性特征的基础上构造分类器:包括最近邻方法(kNN)[83]、决策树方法(C4.5)和支持向量机方法(SVM)[84]。C4.5 和 SVM 检测结果召回率较高,但 kNN 方法相对 SVM 和 C4.5 方法有对真实用户误判率低的优势,SVM 方法的综合检测性能在三者中最佳[78, 85]。

Williams 等人[24, 86]提出了几种概貌属性,包括填充项方差平均 FMV,填充项平均差异度 FMD,填充项平均相关度 FAC,概貌偏离度 PV 等专用概貌属性,这些概貌属性可用来检测已知的、特定类型的推荐系统托攻击;另外,平均偏离度 RDMA,加权偏离度 WDA,加权平均偏离度 WDMA,近邻相似度 DegSim,长度变量值 LengthVar 等通用概貌属性,这些概貌属性不针对特定类型的攻击模型。Williams 等人的检测方法能有效监测已知特定攻击类型的托攻击概貌,但是该方法有较高的误报率。

伍之昂等人[70]利用概貌属性集针对某种攻击模型有效的性质,使用特征选择算法 Relief 为不同的托攻击类型选择不同的概貌属性集,提出了一种基于选择概貌属性的托攻击检测方法,该方法能有效检测已知攻击类型的托攻击,托攻击检测灵活性较好。但是该方法针对性较强,无法有效检测攻击类型未知的托攻击。

张付志等人[71]针对使用用户概貌提取技术描述托攻击概貌不精确的问题,提出了一种结合支持向量机和粗糙集理论的托攻击检测方法。该方法根据项目类别提出了一种概貌属性提取方法,并结合新概貌属性与 Williams 等人提出的概貌属性,使用支持向量机进行分类,最后使用粗糙集理论进行决策。该方法检测部分类型的托攻击有较高的召回率,但检测结果中假正率也较高。

(2)基于无监督学习的托攻击检测算法

基于无监督学习的托攻击检测算法一般通过聚类方法分离托攻击者类和真实用户类[42]。基于无监督的托攻击检测算法直接操作和处理测试集,并输出检测结果[87, 88]。由于基于无监督的检测方法没有使用标签信息,因此这种托攻击检测方法需要一定的先验知识才能进行检测[74, 89, 90],并且需要在满足一定的假设条件下才有较好的检测效果[82]。

Chirita 等人[19]将虚假的用户评分概貌认为是托攻击概貌，认为托攻击概貌的评分模式不同于真实概貌的评分模式。提出使用统计指标来区分攻击概貌和真实概貌，并根据利用托攻击概貌和真实概貌属性值的不同，提出了两个托攻击检测算法来检测托攻击概貌。这两个托攻击检测方法能有效检测填充规模密度较高的托攻击，但会导致大量真实概貌被误判为托攻击概貌。这两种方法在一定前提条件下才能成立，即假设评分矩阵中攻击概貌的数目远少于真实概貌的数目。此外，当检测托攻击概貌中填充规模较小的托攻击类型时检测精度不高。

Lee 等人[23, 91]提出了一种分两阶段的托攻击检测方法：第一阶段，找到最有可能是托攻击概貌的概貌集合；第二阶段，利用 K-means 聚类方法将第一阶段得到的概貌集合聚类，托攻击概貌所在的类中用户概貌之间具有最大评分偏离度进而将此类中全部用户概貌标识为托攻击概貌。该检测方法能够有效对填充率较高的托攻击类型进行检测，但无法有效检测低填充率的托攻击类型，并且该方法检测稀疏的评分矩阵时检测结果中假正率较高，会将一部分真实用户误判为攻击用户。

Bhaumik 等人[49, 92-94]通过聚类技术检测托攻击概貌。提出的算法使用 K-means 聚类将用户概貌分成两类；将少数类中的全部概貌标识为托攻击概貌，将多数类中的全部概貌标识为真实概貌。但是作为一种基于无监督的检测方法，该方法需要一定的系统先验知识。这种方法假定评分矩阵中存在托攻击，同时假定托攻击概貌的数量比真实概貌的数量少。此方法检测结果中真实概貌容易被误判为托攻击概貌，从而导致总体检测精度不高。李聪等人[69, 95]分析了托攻击群体性的特征，提出了一种基于无监督的检测算法 IBIGDA。IBIGDA 算法在一定程度上减少了对系统先验知识的依赖，但是该算法仍假定托攻击概貌的数目比真实概貌的数目少。

(3)基于半监督学习的托攻击检测算法

文献[79, 96, 97]中的基于半监督的托攻击检测方法根据用户的概貌属性，首先使用少量训练样本训练贝叶斯分类器，再利用大量没有标签的数据提高分类器的性能。基于半监督的托攻击检测算法的优点体现在其能够利用大量无标签的用户概貌数据提升分类器的性能。

除了上述的托攻击检测方法,研究者们还提出了根据用户—项目评分矩阵以外的其他信息来检测推荐系统中的托攻击的方法。例如基于用户信任的推荐系统[98-100],这种方法给每个用户一个信任度,通过用户信任度的计算,达到提高信任度高的用户在推荐系统中的影响,降低信任度低的用户在推荐系统中的影响的目的。但是这种方法的缺点是,用户的信任度针对的是用户的所有评分,但是用户在不同时间阶段的评分信任度是不同的[101]。MP O'Mahony[48]提出了一种通过计算概貌数据的概率分布来检测推荐系统中自然噪声数据和人为噪声数据的信号检测方法[20,102]提出使用相似度传播算法,对群组概貌而不是对单个用户概貌进行分类[45]。利用用户的评分间隔、频率和数量等属性,提出了一种利用用户评分间时间间隔检测托攻击评分的方法。Sheng Zhang 等[103]根据用户评分,针对每个目标项目构建一个时间序列,使用时间窗口来组织一个项目的评分,计算每个时间窗口的样本均值和样本熵,利用这些属性值来检测攻击行为。另外,还有基于模型的托攻击检测方法[32]、基于记忆的托攻击检测方法等[33, 104]。

推荐系统托攻击检测研究已经取得了一定的研究成果,但仍然存在不足之处,主要体现在下述几个方面。

(1)特征提取方法不能有效描述用户概貌属性

已有的特征提取方法对击概貌的描述能力较弱,提取的概貌属性值区分度不高。另外,已有的概貌属性提取方法不能有效描述未知类型的托攻击。

(2)基于监督学习的托攻击检测方法的误报率较高

基于监督学习的托攻击检测方法虽然能检测部分类型的托攻击,但检测结果假正率较高。并且检测结果过度依赖训练集数据,在实际推荐系统中难以找到大量有标签的托攻击概貌数据。

(3)托攻击检测算法通用性低,不能有效检测未知的托攻击类型

已有检测方法在检测已知特定类型的托攻击时,检测结果较好。但是在检测未知攻击类型的托攻击时表现不佳。另外,基于监督学习的托攻击检测算法面临类不均衡问题,导致基于监督学习的托攻击检测算法精度不高。

(4)**基于无监督托攻击检算法受到先验知识的限制**

基于无监督托攻击检测需要一定的推荐系统先验知识,而且先验知识的准确性直接影响托攻击检测性能。

2.3.2　托攻击检测评价指标

一个托攻击检测算法对两种类型的用户概貌分类,有 4 种可能性,见表 2.2。假正情况是指检测算法标注为攻击概貌但实际是真实概貌;假负情况是指检测算法标注为真实概貌但实际是攻击概貌;真正情况是指检测算法正确识别的攻击概貌;真负情况是指检测算法正确识别的真实概貌,见表 2.2,检测结果中真实用户包括真负与假正用户,而攻击概貌则由真正用户与假负用户组成。

表 2.2　测试输出结果

	真实情况 真	真实情况 假
测试输出 真	真正(True positive)	假正(False positive)
测试输出 假	假负(False negative)	真负(True negative)

托攻击检测评价指标使用准确率(Precision Ratio),误判率(False Positive Rate),召回率(Recall)和准确率(Precision)以及 ROC 曲线(Receiver Operating Characteristic Curve,ROC 曲线)下面积 Δ_{AUC}来度量。

(1)**准确率和误判率**

准确率是指检测结果中被正确判别为托攻击概貌的个数与系统中真实托攻击概貌的个数的比值,如公式(2.10)所示。

$$R_{\text{detection}} = \frac{S_{\text{true positives}}}{S_{\text{attacks}}} \tag{2.10}$$

其中 $R_{\text{detection}}$为托攻击检测算法检测率,$S_{\text{true positives}}$为被监测的托攻击概貌

的个数,$S_{attacks}$为注入的托攻击概貌的个数。

误判率是检测结果中被误判别为托攻击概貌的真实概貌个数与推荐系统中真实概貌的比值。假正率如公式(2.11)所示。

$$R_{false\ positive} = \frac{S_{false\ positives}}{S_{genuines}} \tag{2.11}$$

其中 $R_{false\ positive}$为托攻击检测算法误判率,$S_{false\ positives}$为被误判为托攻击概貌的个数,$S_{genuines}$为正常概貌的个数。

(2)**召回率和准确率**

准确率与召回率等分类器性能评价指标常被用来评价托攻击检测算法的性能[45]。召回率是检测结果中判别为真正的概貌数量与实际攻击概貌的数量之比;准确率是检测结果中判别为攻击概貌的数量与检测结果用户概貌的总数量之比。召回率与准确率分别定义公式(2.12)和公式(2.13)所示。

$$R_{recall} = \frac{S_{ture\ positives}}{S_{ture\ positives} + S_{false\ negatives}} \tag{2.12}$$

$$R_{precision} = \frac{S_{ture\ positives}}{S_{ture\ positives} + S_{false\ positives}} \tag{2.13}$$

其中,R_{recall}为托攻击检测算法召回率,$R_{precision}$、R_{recall}为托攻击检测算法准确率。$S_{ture\ positives}$为被正确判断的托攻击概貌的个数,$S_{false\ negatives}$为正确判断的正常概貌个数。

(3)**Δ_{AUC}值**

ROC 指标经常被用来分析二元分类模型的性能。通过比较各组实验的 ROC 曲线下的面积(Δ_{AUC})。Δ_{AUC}的值大于 0 小于 1。当 $\Delta_{AUC}=1$ 时,说明分类器是完美的分类器;当 $0.5<\Delta_{AUC}<1$ 时,说明分类效果优于随机猜测;当 $\Delta_{AUC}=0.5$ 时,说明分类效果跟随机猜测一样,没有预测价值;当 $\Delta_{AUC}<0.5$ 时,说明分类效果比随机猜测还差。

2.4　概貌属性综述

本节将介绍几种常用的检测托攻击的概貌属性。由于推荐系统中用户评分的稀疏性和高维度特性,直接在用户—项目评分矩阵上直接实施托攻击检测是不现实的[45, 46],并且由于不同的攻击类型评分规律不同,针对不同攻击类型的概貌属性也不尽相同,因而仅使用单一的托攻击检测方法对所有的攻击类型进行检测也不符合实际[55]。基于以上原因,研究者们将精力集中在概貌提取技术和数据降维技术,然后再在抽取的概貌属性集上得到基于监督或者无监督学习的检测算法。为了区分真实评分概貌和攻击评分概貌,研究者们提出各类型的概貌属性,这些属性可以分为通用概貌属性和针对攻击模型的概貌属性[105]。通用概貌属性试图从描述统计学的角度去捕捉概貌的特征,从而区分真实用户概貌和托攻击概貌通用概貌属性基于如下假设,正常用户的概貌和攻击模型生成的概貌存在两方面的不同:第一是在对目标项目评分上,攻击概貌对目标项目的评分通常是最高分(托攻击)或者最低分(核攻击),而正常用户对目标项目的评分与其他的项目评分并无不同;第二是除了目标项目评分外的其他项目的评分上,攻击概貌在对项目的选择上具有随机性,并且评分的分值分布存在差异。因此,攻击模型生成的概貌在评分模式上会和正常用户概貌有偏差[19];针对攻击模型的概貌属性是描述某种特定攻击模型的概貌属性特征。

(1)**RDMA(Rating Deviation from Mean Agreement)**

RDMA 用来计算概貌中项目评分的平均误差值,RDMA 属性的计算如公式(2.14)所示:

$$V_{RDMA_u} = \frac{\sum_{i=0}^{N_u} \frac{|r_{u,i} - \overline{r_i}|}{NR_i}}{N_u} \tag{2.14}$$

其中，N_u 是用户 u 对所有项目评分的数量，$r_{u,i}$是用户 u 在项目 i 上的评分，$\overline{r_i}$是项目 i 上所用评分的平均值，NR_i 是评分矩阵中对项目 i 所有评分的个数。

（2）**WDMA（Weighted Deviation from Mean Agreement）**

$$V_{WDMA_u} = \frac{\sum_{i=0}^{N_u} \frac{|r_{u,i} - \overline{r_i}|}{NR_i^2}}{N_u} \tag{2.15}$$

其中，N_u 是用户 u 对评过分的项目的个数，$r_{u,i}$是用户 u 在项目 i 上的评分，$\overline{r_i}$是项目 i 上所用评分的均值，NR_i 是评分矩阵中对项目 i 所有评分的个数。WDMA 是基于 RDMA 的一种通用概貌属性，只是将稀疏项目中用户评分偏差的权重放大，这个概貌属性具有较 RDMA 较高的信息增益。

（3）**WDA（Weighted Degree of Agreement）**

$$V_{WDA_u} = \sum_{i=0}^{N_u} \frac{|r_{u,i} - \overline{r_i}|}{NR_i} \tag{2.16}$$

另一个基于 RDMA 的概貌属性 WDA，只有 RDMA 的分子值，是所有概貌评分和这个项目平均评分差的总和，除以项目上评分的个数。

（4）**DegSim（Degree of Similarity）**

除了基于评分差异的概貌属性，DegSim 从概貌之间的相似度角度来度量。由于托攻击概貌是由程序生成的，但是真实用户概貌的评分比较分散，研究者们发现攻击概貌和它的最近邻 k 个邻居具有较高的相似性。可以用 DegSim 来捕捉这个特性。DegSim 是基于用户概貌最近 k 个近邻相似度度量的一个概貌属性值。DegSim 的计算公式如公式（2.17）所示：

$$V_{DegSim} = \frac{\sum_{u=1}^{k} W_{uv}}{k} \tag{2.17}$$

其中，W_{uv}是用户概貌 u 和 v 的皮尔森相似度，k 是用户最近邻的个数，k

的个数由数据集来决定。皮尔森相关系数用公式(2.1)和公式(2.2)计算。

(5)**LengthVar**

引入LengthVar是为了计算一个评分概貌和评分矩阵中的平均长度的偏离值,偏离值越大表明该概貌是攻击概貌的可能性就越大。假如一个用户对大部分的项目都有评分,那么这个用户是托攻击的可能性大。LengthVar对当评分矩阵中的项目数量大并且用户概貌填充规模高的情况下检测托攻击概貌比较有效。用户 u 的LengthVar通过公式(2.18)计算。

$$V_{LengthVar_u} = \frac{\left| V_{ratings_u} - \overline{V_{ratings}} \right|}{\sum_{i=1}^{N} \left(V_{ratings_i} - \overline{V_{ratings}} \right)^2} \tag{2.18}$$

其中,$V_{ratings_u}$是用户 u 对评过分的项目的数量,$\overline{V_{ratings}}$是评分矩阵中所有用户对项目评分数量的均值;N 是评分矩阵中用户的总数。

(6)**MeanVar**

$$V_{MeanVar_{(P_t,u)}} = \frac{\sum_{i \in (P_u - P_t)} \left(r_{i,u} - \overline{r_i} \right)^2}{\left| P_u \right| - 1} \tag{2.19}$$

其中,P_u 是用户 u 的评分概貌;P_t 是假设的攻击评分;$r_{i,u}$是用户 u 在项目 i 上的评分;$\overline{r_i}$是项目 i 所有用户评分的平均值;$|P_u|$是评分矩阵中用户概貌的个数。

(7)**DegSim'**

DegSim'是在DegSim的基础上修改而来的。DegSim在检测随机攻击模型和均值攻击模型时有效,但是在检测段攻击模型时,由于段攻击模型攻击概貌包含被选择的项目,被选择项目个数的不同使得攻击概貌的DegSim值随填充项目评分个数的变化而改变,使用原有的DegSim属性值已经不能有效地将攻击概貌和真实概貌分离。本书设计了一种基于DegSim的新的概貌属性。考虑到所有评分时,攻击概貌和真实概貌的

DegSim 值可能相差不大；而 DegSim' 则计算了所有评分域，因此只要有一个评分偏离，那么 DegSim' 值将变大，从而偏离正常值。DegSim' 值越大，其成为攻击概貌的可能性越大。

$$V_{DegSim} = \sum_{r \in R} \left| V_{DegSim_r} - \overline{V_{DegSim_r}} \right| \tag{2.20}$$

V_{DegSim} 由公式(2.20)计算。其中 R 是评分矩阵的评分值集合，例如在 MovieLens 中 $R=\{1,2,3,4,5\}$；V_{DegSim_r} 是当评分矩阵中只计算评分是 r 的 DegSim 值；$\overline{V_{DegSim_r}}$ 是评分矩阵中所有概貌 V_{DegSim_r} 的平均值。

(8) **FMTD Filler Mean Target Difference**

FMTD 是计算评分概貌中各个部分的差异，即填充项目集合和选择项目集合之间的评分差异。这个概貌属性是专门为段攻击和流行攻击模型设计的，包括段攻击和流行攻击。

$$V_{FMTD_u} = \left| \left(\frac{\sum_{i \in P_{u,T}} r_{u,i}}{|P_{u,T}|} \right) - \left(\frac{\sum_{k \in P_{u,F}} r_{u,k}}{P_{u,F}} \right) \right| \tag{2.21}$$

其中，$|P_{u,T}|$ 是评分概貌中被给予最值(最高值或最低值)的评分集合；$P_{u,F}$ 是评分概貌中所有其他的评分集合；$r_{u,i}$ 是用户 u 对项目 i 的评分。FMTD 属性使评分概貌中被评为极值的评分和填充评分的差异最大化。

(9) **FillerMeanDiff**

FillerMeanDiff 用公式(2.22)计算。其中，$r_{u,i}$ 是用户 u 在项目 i 上的评分；$\overline{r_i}$ 是在项目 i 上所有评分的均值；P_u 是用户 u 的评分概貌；P_t 是假设的攻击评分。

$$V_{FillerMeanDiff_{(P_t,u)}} = \frac{\sum_{i=(P_u)} \left| (r_{u,i} - \overline{r_i}) \right|}{|P_u|} \tag{2.22}$$

2.5　本章小结

本章在对相关文献分析的基础上,对推荐系统相关算法和推荐系统托攻击检测做了综述,为后续章节的研究工作奠定了基础。首先分析了推荐系统中的一些基本概念以及当前推荐系统面临的各种挑战;然后分析了概貌属性提取技术;最后对推荐系统托攻击检测方法和国内外研究现状归纳和总结。

第3章 基于目标项目分析的推荐系统托攻击检测框架[①]

推荐系统通过分析用户的历史评分记录,向用户推荐可能感兴趣的商品或信息。但是推荐系统开放性的特征使之很容易被恶意用户攻击,通过向推荐系统中注入虚假概貌信息,恶意用户试图操纵推荐结果,从而改变商品推荐排名,造成不公平竞争。因此,为了保证推荐结果的真实性和维护公平的竞争环境,检测出推荐系统中的概貌攻击并消除其对推荐系统的影响显得尤为重要。现有的托攻击检测算法一般是通过提取单个用户的概貌属性信息,对用户概貌分类,但是忽略了托攻击的群体性特征。单个攻击概貌并不能显著改变推荐系统排名,因而实施一次攻击时,托攻击者需要组织大量攻击概貌进行协同作用,以达到攻击目的。因此,将所有攻击概貌作为一个整体时其群体性特征将更明显用于检测。有别于针对单一概貌真伪的检测,群体概貌检测从全局角度出发,通过分析用户概貌属性的统计特征,一次性识别出所有托攻击概貌。本章针对托攻击行为的群体性特征,提出了一种基于目标项目分析的托攻击检测框架。该框架的主要思想是先利用托攻击群体性攻击的特点找出最有可能是攻

① 本章主要内容以 *Detection of Abnormal Profiles on Group Attacks in Recommender Systems* 为题,发表在 ACM SIGIR'14, July 6-11, 2014, Gold Coast, Queensland, Australia.国际会议上.

击概貌的疑似用户概貌集合,然后通过基于目标项目分析的托攻击检测模型检索出托攻击概貌。

3.1　问题的提出

推荐系统基于用户—项目评分矩阵产生推荐,其中评分矩阵是由用户、项目以及用户对项目的评分组成。一个用户对所有项目的评分向量构成了这个用户的评分概貌,即这个用户的概貌。恶意用户出于自身目的试图提高或者降低某个特定项目的推荐频率而注入虚假评分,伪造用户概貌,并将伪造的用户概貌注入推荐系统评分矩阵中,影响推荐算法,导致推荐系统对项目的推荐产生预测偏差。

为了分析托攻击的作用原理与影响,首先通过一个例子进行说明。表 3.1 是一个推荐系统评分矩阵的示意表,表中的每行代表推荐系统中某个用户对所有项目的评分的集合。$User_1$ 到 $User_m$ 是托攻击概貌被注入评分矩阵之前的用户概貌,这些概貌是真实用户概貌集合;$Attacker_1$ 到 $Attacker_p$ 是攻击者注入的托攻击概貌。评分矩阵中的每列表示推荐系统中所有用户对某一个项目的评分集合。评分是从 1 到 5 的整数,0 表示对应的用户在该项目上无评分。在本例中,假设推荐系统使用 K-最近邻算法向用户推荐项目,为简化讨论取 $K=1$。当推荐系统要给 Alice 推荐一个项目,推荐系统对 Alice 在项目 $Item_2$ 上的预测是通过在评分矩阵中查找 Alice 的最近邻得到的。

表 3.1　基于用户的协同过滤推荐系统托攻击实例(push attack)

	$Item_1$	$Item_2$	$Item_3$	…	$Item_n$	与 Alice 评分相关系数
Alice	4	0	0	…	3	1.00
$User_1$	3	4	0	…	0	0.86

续表

	$Item_1$	$Item_2$	$Item_3$	…	$Item_n$	与 Alice 评分相关系数
$User_2$	3	1	2	…	5	0.21
$User_3$	2	5	1	…	0	0.35
⋮	⋮	⋮	⋮	…	0	0.78
$User_m$	4	0	3	…	0	0.34
$Attacker_1$	5	0	5	…	1	0.95
$Attacker_2$	3	3	5	…	0	0.89
$Attacker_3$	4	0	5	…	4	0.93
⋮	⋮	⋮	⋮	…	⋮	⋮
$Attacker_p$	3	5	5	…	2	0.86

当托攻击概貌注入评分矩阵之前，评分矩阵中有 m 个用户对 n 个项目评分。不考虑其他信息，通过相似度计算公式，计算出和 Alice 最相似的用户是 $User_1$。通过 K-最近邻算法，可以计算出推荐系统在项目 $Item_2$ 上的预测评分是 Alice 所有未评分项目中最高的，因此推荐系统将向 Alice 推荐项目 $Item_2$。当 p 个托攻击概貌被注入后，攻击概貌 $Attacker_1$ 成为与 Alice 的用户概貌最相似的用户，因此推荐系统会将 $Attacker_1$ 作为 Alice 的最近邻邻居，并通过推荐算法产生推荐，最后推荐的结果是将项目 $Item_3$ 被推荐给用户 Alice。当 Alice 选择了项目 $Item_3$ 后，发现项目 $Item_3$ 并不是其喜欢的，这时候用户 Alice 在推荐系统中的用户体验便会降低，从而失去对推荐系统的信任；另外，推荐系统的托攻击行为造成对项目 $Item_2$ 的不公平。因此对推荐系统和其用户来说，托攻击均具有较大的影响，应准确地找出托攻击概貌并将其从推荐系统评分矩阵中去除，还原推荐系统推荐的真实性。

3.2　推荐系统鲁棒性分析

本节分析了针对推荐系统的托攻击策略及提高推荐系统鲁棒性的方法,通过计算托攻击前后目标项目的预测偏移量来分析托攻击对推荐系统的影响。

3.2.1　推荐系统鲁棒性

一些用户受经济利益的驱使,通过虚假恶意的行为,故意增加或者减少某些商品被推荐的可能性[106]。因而推荐算法对恶意攻击的鲁棒性,将成为判断推荐系统好坏的一个特征。以关联规则挖掘算法为例,KNN算法的鲁棒性就没有 Apriori 算法的鲁棒性好[23]。有的研究者已经提出提高推荐系统抗托攻击的方法,如通过分析对比真实用户和疑似恶意用户之间评分的差异,判断是否是恶意行为,降低疑似恶意用户对推荐系统的影响[107]。现有的推荐系统托攻击检测方面的研究较少,而实际系统中攻击策略却层出不穷,因此亟须相应的研究对此类问题进行研究。

针对传统的协同过滤推荐算法对托攻击的高度敏感性,目前主要有两种应对托攻击的方法:一种是将托攻击从评分矩阵中找出并消除其影响;另一种是增强推荐系统鲁棒性,将托攻击检测技术融入推荐算法,容忍攻击者评分概貌存在于推荐系统中,但是在推荐系统预测时屏蔽攻击者的影响,如基于信任的推荐系统将用户的信任度引入推荐算法中,增加可信用户的影响,降低不可信用户的影响。第一种策略可直接采用现有的推荐算法,适合软件模块化,相对简便易行[62]。本章提出了一种基于目标项目分析的托攻击检测框架。主要思路包括:

①找出最有可能是托攻击概貌的疑似概貌集合。

②提出以一种目标项目分析的托攻击检测方法,找出攻击概貌的攻击意图和目标项目。

③将①和②结合,得到基于目标项目分析的托攻击检测方法来分析得到攻击意图和目标项目从而检索出托攻击概貌。

3.2.2 推荐系统预测偏移

为了测试托攻击对推荐系统造成的影响,本小节通过设计实验,向评分矩阵中注入托攻击概貌,计算托攻击前后推荐系统的预测偏移值并进行分析。本实验使用 MovieLens 100K 数据集,分别计算注入不同攻击规模和不同填充规模托攻击时目标项目预测偏移值。

图 3.1 所示为当填充规模为 3%,注入不同攻击规模的托攻击概貌时,推荐系统的目标项目预测偏移值的变化情况;图 3.1(a)是推攻击意图下,填充规模为 3%时,预测偏移值随攻击规模变化的情况;图3.1(b)是核攻击意图下,填充规模为 3%时,预测偏移值随攻击规模变化的情况。从实验结果可以看出,托攻击的预测偏移值随攻击规模的增加而增加,当攻击规模到一定值时预测偏移值达到最大。但是从图 3.1(a)中可以看出,当攻击规模大于 5%时,预测偏移值随攻击规模的增加放缓。

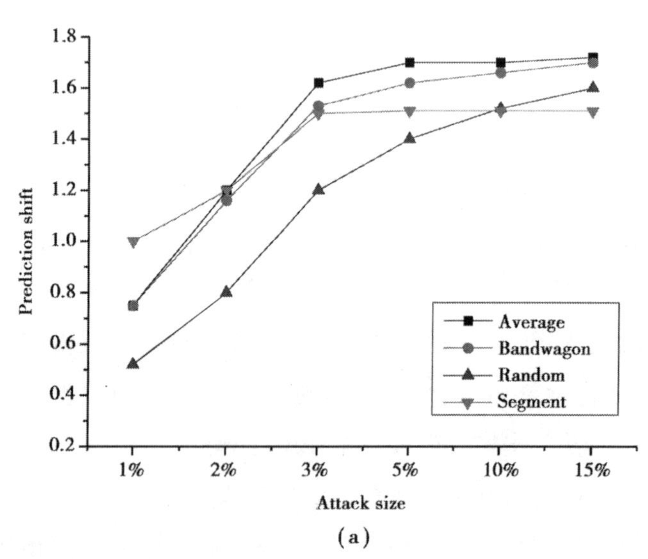

(a)

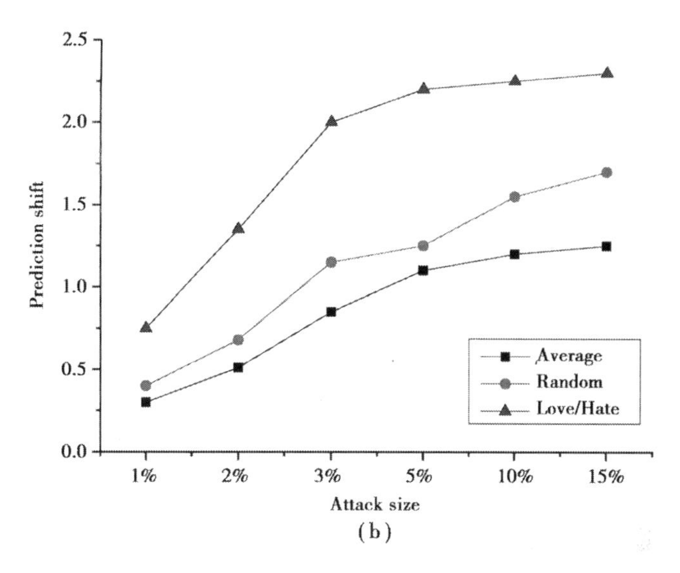

(b)

图3.1　在攻击规模变化时基于用户的推荐系统预测偏移的变化

图3.2是攻击规模为5%,注入不同填充规模的托攻击概貌时,托攻击前后的目标项目预测偏移值的变化情况。图3.2(a)是推攻击意图下,攻击规模为5%时,预测偏移值随填充规模变化的情况;图3.2(b)是核攻击意图下,攻击规模为5%时,预测偏移值随填充规模变化的情况。总体上说,攻击的预测偏移值随着填充规模的增加而增加,其中当填充规模达到10%时预测偏移值达到最大,并随着填充规模的增加预测偏移值缓慢减小。

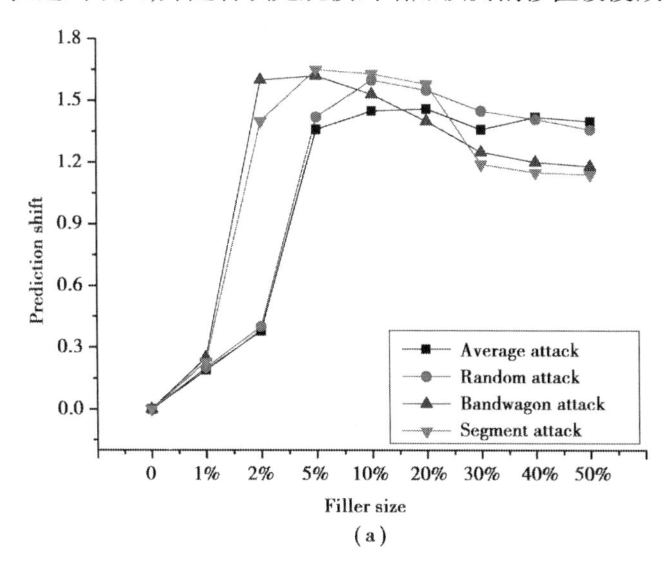

(a)

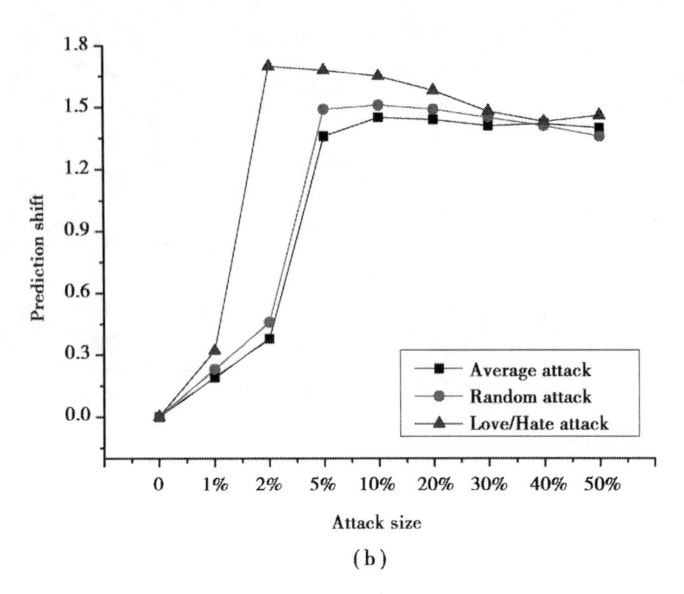

(b)

图 3.2 在攻击填充规模变化时基于用户的推荐系统预测偏移的变化

3.3 目标项目分析方法

本节将首先介绍目标项目分析的思想,然后提出了目标项目分析方法,并介绍了托攻击意图识别函数和检索托攻击用户函数,最后论证了目标项目分析方法的可行性。

3.3.1 目标项目分析思想

目标项目分析是基于用户评分矩阵的稀疏性原理和托攻击行为的群体性特征而提出的一种托攻击检测方法。即在混合有正常概貌和托攻击概貌的评分矩阵中,找出托攻击的目标项目,并将在此目标项目上评分的用户标记为托攻击概貌。此方法基于下述两个假设。

(1)正常用户概貌和托攻击用户概貌数量相当

目标项目分析方法首先找出托攻击的攻击意图,然后根据托攻击意图找出被攻击的项目 ID。通过计算所有项目中被评为最高分或最低分的次数,选取计数最大的作为候选目标项目,当这个数目大于一定值并且评分比例比其他评分比例高时,这个项目被标记为目标项目。这要求正常用户概貌和托攻击用户概貌数量相当,如果正常用户概貌比托攻击用户概貌大得多,将可能选取错误的目标项目或者检测结果中将过多的正常概貌误判为托攻击概貌。

(2)**评分矩阵稀疏**

在评分矩阵比较稀疏时,将在目标项目上评分最高分或最低分的概貌标记为托攻击概貌。如果评分矩阵不够稀疏,检测结果中呈现假正的概貌就会较多,这将影响托攻击检测的精度。

由于恶意用户注入的托攻击概貌都对目标项目评了最高分或最低分,并且攻击概貌中填充项目与真实概貌中填充项目的评分之间存在差异,因此真实概貌特征与攻击概貌特征的概貌属性值存在差异。基于这个性质,本书提出了目标项目的识别方法 TIA,首先将被攻击的项目 I_T 找出,攻击概貌应该都在 I_T 上评分,所以找出所有在 I_T 评分的概貌,假如是推攻击,那么所有在 I_T 上评分为最高分的概貌都标记为攻击概貌;如果是核攻击,那么将所有在 I_T 上评分为最低分的概貌都标记为攻击概貌。目标项目分析的关键就是正确地找出被攻击项目 I_T。TIA 托攻击检测包

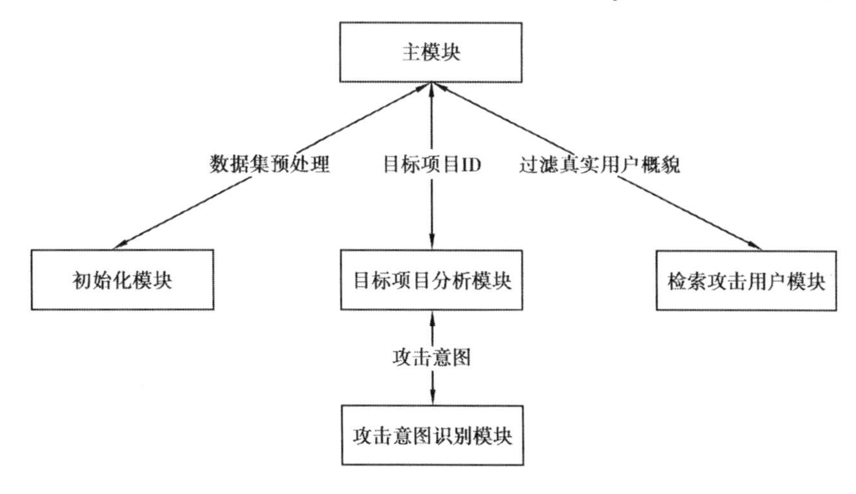

图 3.3　TIA 托攻击检测模块结构图

括主模块、初始化模块、目标项目分析模块、检索攻击用户模块、攻击意图识别模块等几个模块，TIA 托攻击检测模块结构如图 3.3 所示。

①主模块：该模块用来协调其他几个模块之间的关系。

②初始化模块：该模块主要用于根据用户概貌属性统计信息的分布，初步将攻击用户与正常用户分开，得到疑似托攻击用户集合。

③目标项目分析模块：该模块的输入用户—项目评分矩阵，输出是受到托攻击的目标项目 ID 和攻击意图。

④攻击意图识别模块：该模块用于识别攻击意图。

⑤检索攻击用户模块：该模块的输入是目标项目 ID，输出是攻击用户概貌列表。在该模块中，根据事先设定好的阈值，将托攻击概貌识别出来。

3.3.2 托攻击意图识别函数

本小节介绍基于目标项目分析识别攻击意图的方法，其伪代码见表 3.2。

表 3.2 攻击意图识别伪代码

```
函数名: disAttackIntend
输入: 矩阵 SUS_RD;项目集 I;阈值 θ
输出: 托攻击意图 AttackIntend; 目标项目 ID targetItemID
-----------------------------------------------------------------
1:AttackIntend=∅;
2: for each Item in SUS_RD
3:       ∀i∈I, count(o)_i← number of ratings in Item_i equal to 1;
4:       ∀i∈I, count(f)_i← number of ratings in Item_i equal to 5;
5: if count(o)_i>θ
6:      DetectResult ← profiles rated on Item_i with score 1;
7:      perofone ←percentage of 1 in Item_i;
8:      perofone'←percentage of 1 in Item_i exclude DetectResult;
9:      if perofone'−perofone>0.2
10:           AttackIntend= 'nuke attack';
11:           targetItemID=i;
```

续表

```
12: if count(f)_i>θ
13:     DetectResult← profiles rated on Item_i with score 5;
14:     peroffive ←percentage of 5 in Item_i;
15:     peroffive'←percentage of 5 in Item_i exclude DetectResult;
16:     if peroffive'−peroffive>0.2
17:         AttackIntend = 'push attack';
18:       targetItemID?  =i;
19: else:
20:     AttackIntend = 'no attack';
21: return AttackIntend;targetItemID
```

首先计算 SUS_{RD}中每个项目中评分为最高分(5 分)和最低分(1 分)的数量。找出符合以下条件的项目:评分为最高分(5 分)和最低分(1 分)的数量大于阈值;在 SUS_{RD}矩阵与托攻击检测前矩阵中该项目中评分为最高分(5 分)和最低分(1 分)的比例之差大于一定值。将符合条件的项目标识为目标项目,根据评分为最高分(5 分)和最低分(1 分)分别设定攻击类型为推攻击和核攻击。

3.3.3　检索托攻击用户函数

系统中用户概貌分为真实概貌和托攻击概貌,推荐系统中没有注入托攻击概貌之前,评分矩阵中所有的概貌都认为是真实用户概貌。系统管理者为了消除托攻击概貌对推荐系统的安全威胁,需要将托攻击概貌准确地找出从而消除影响。在基于目标项目分析的托攻击检测算法的第一个阶段,提取用户概貌属性,通过分析正常用户概貌属性和托攻击概貌属性的差异,将最有可能是托攻击的概貌分离出来作为疑似概貌集合。在算法的第二个阶段,使用目标项目分析方法,利用评分矩阵稀疏性原理,分析托攻击意图,找出被攻击的目标项目,从而找出对目标项目实施攻击的所有的托攻击概貌。检索攻击用户函数伪代码见表 3.3。

表 3.3　检索攻击用户函数伪代码

函数名：RD-TIA Phase 2.用来过滤托攻击检测第一阶段结果中的真实用户概貌 输入：可疑用户概貌组成的矩阵 SUS_{RD}；最高评分 r；阈值 θ 和项目集合 I 输出：托攻击检测结果 Detectresult
1:Detectresult = $\varnothing$; 2: $\forall i \in I$, $count_i \leftarrow$ number of ratings in $Item_i$ equal to rating r; 3:While max(count) > θ do 4: 　　$Item_t \leftarrow \{Item_i \mid count_i = max(count)\}$; 5: 　　$\forall p \in SUS_{RD}$, $P \leftarrow p$ rate $Item_t$ with r; 5: 　　Detectresult $\leftarrow P \cup$ Detectresult; 6: 　　$SUS_{RD} \leftarrow SUS_{RD} - P$; 7: end While 8:return Detectresult

下面通过一个例子说明基于目标项目分析的托攻击检测模型是如何工作的。表 3.4 是一个通过某种算法得到的疑似攻击概貌的评分矩阵。正常用户概貌 $User_1$ 到 $User_m$，$Attacker_1$ 到 $Attacker_p$ 是被注入的托攻击概貌，$Item_1$ 到 $Item_n$ 是所有项目 ID。首先计算在每个项目中评分是最高分(5)或者是最低分(1)的个数 Count($Item_i$)。筛选符合以下条件的项目：

①最高分(5)或者是最低分(1)的个数 Count($Item_i$)大于一定值。

②最高分(5)或者是最低分(1)在疑似概貌评分矩阵中项目评分的比例减去其在原始评分矩阵中占该项目所有评分的比例大于一定值。

其中 $Item_5$ 符合上述条件，并且 $Item_5$ 中评分是最高分(5 分)的个数最大，这时可以确定评分矩阵中存在托攻击，并且攻击意图是推攻击，$Item_5$ 被标记为目标项目。这时，算法将在 $Item_5$ 上评分为 5 分的所有概貌标记为托攻击概貌。

表 3.4　目标项目分析举例

	Item_1	Item_2	Item_3	Item_4	Item_5	Item_6	…	Item_n
User_1	5	2	3	0	0	0	…	5
User_2	2	0	4	1	2	2	…	3
User_3	4	2	3	0	5	3	…	0
User_4	0	3	0	3	4	5	…	0
⋮	⋮	⋮	⋮	⋮	⋮	⋮	⋮	⋮
User_m	2	0	4	1	2	0	…	3
Attacker_1	2	1	0	0	5	3	…	4
Attacker_2	2	2	0	0	5	1	…	3
Attacker_3	1	2	0	0	5	3	…	2
⋮	⋮	⋮	⋮	⋮	⋮	⋮	⋮	⋮
Attacker_p	2	0	0	0	5	0	…	4
$\text{Count}(\text{Item}_i)$	2	2	2	2	9	2	…	3

3.3.4　目标项目分析方法可行性分析

目标项目分析的范围介于两个极端之间，如果矩阵中所有的概貌都是攻击概貌，那么对某个项目评分都为最低分（1 分）或者最高分（5 分）的项目即为目标项目；当评分矩阵中真实概貌过多，比如原始评分矩阵，则难以正确确定出目标项目。

托攻击者为了使攻击达到一定的预测偏移量，一般需要注入 10 个以上的托攻击概貌才能达到其目的[7]，故本节设其阈值设为 10。另外，假设评分矩阵中真实概貌的数量为 m，攻击概貌的数量为 a；矩阵的稀疏度为 λ；某个项目 Item_i 评分中评分为（5）的概率是 γ；那么这个项目中评分是（5）的个数的期望值 $E(\text{Item}_i \mid rating=5)$ 等于 $(m+a)\lambda\gamma$。以

MovieLens 100K 数据集为例，$m=943$；$a<0.1m$；$\lambda<5\%$；γ 的数值是 20%；那么 $E(\mathrm{Item}_i \mid rating=5)\ =\ 0.001m=0.9<1$。说明在正常情况下，使用托攻击检测框架方法过滤后的矩阵中，如果没有攻击概貌，项目中评分是(5)的用户概貌数量较少，这说明目标项目分析托攻击检测框架是可行的。

3.4 基于目标项目分析的托攻击检测框架 TIAF

本节在 3.3 节目标项目分析方法的基础上提出了一个基于目标项目分析的托攻击检测框架 TIAF。由于单个攻击概貌并不能有效改变目标项目在推荐系统中的排名，因此每次托攻击要向推荐系统中注入大量攻击概貌，使得大量攻击概貌协同作用才能起到改变目标项目排名的目的，因此将托攻击概貌作为整体考虑时将会得到更明显的区分特征[108]。本章根据托攻击群体性的特点，提出了一种基于目标项目分析的托攻击检测框架。该框架的主要思想是：首先找出疑似托攻击概貌集合，然后利用托攻击群体性的特点，通过目标项目分析方法识别出托攻击意图和目标项目 ID，最后将两者结合，在得到的托攻击疑似概貌集合中检索到托攻击概貌。基于目标项目分析的托攻击检测框架如图 3.4 所示。

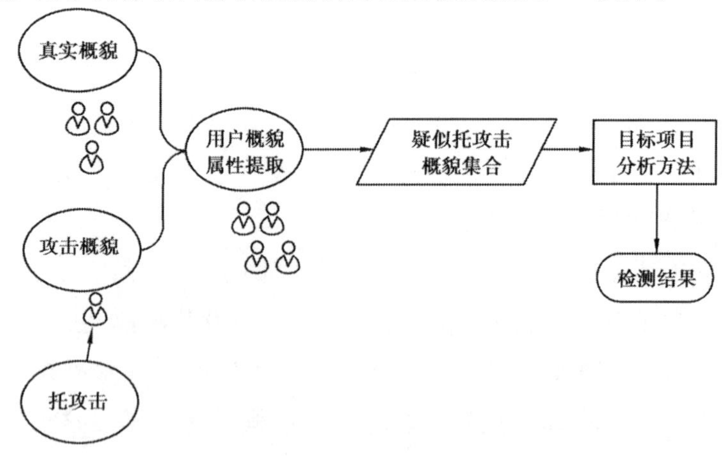

图 3.4　基于目标项目分析的托攻击检测框架

本书接下来的第 4 章、第 5 章、第 6 章所提出的推荐系统托攻击检测算法都是在 TIAF 框架的基础上,针对不同的攻击类型的特点,分别提出了基于概貌属性和目标项目分析的托攻击检测算法、基于支持向量机和目标项目分析的托攻击检测算法以及基于时间序列和目标项目分析的托攻击检测算法。

3.5　本章小结

推荐系统开放性的特点使得其容易受到恶意用户的攻击,因而如何识别出推荐系统中的恶意用户从而消除其影响是提高推荐系统鲁棒性的一种有效的方法。本章提出了一种检测托攻击的框架,检测框架的基本思想是根据真实用户概貌和托攻击概貌属性值不同,将疑似托攻击概貌分离出来;在此基础上,使用基于目标项目分析方法进一步定位托攻击用户,以提高托攻击检测的准确性。本书在接下来的 3 个章节中,在基于目标项目分析的托攻击检测框架的基础上提出了 3 种具体的托攻击检测算法。

第 4 章 基于概貌属性和目标项目分析的托攻击检测研究[①]

基于无监督的托攻击检测方法具有较强泛化能力,符合托攻击防御的实际情境,本章提出了一种基于概貌属性和目标项目分析的托攻击检测算法。改算法通过提取用户概貌属性,根据真实用户和托攻击用户的统计学特征寻找疑似用户概貌集合,并使用本书提出的目标项目分析方法,找出托攻击目标项目,分析托攻击的攻击意图并检索出托攻击概貌。

4.1 基于概貌属性和目标项目分析的托攻击检测框架

基于概貌属性和目标项目分析的托攻击检测框架如图 4.1 所示。托攻击概貌注入推荐系统之前,默认系统中所有的概貌均为真实概貌。托

① 本章内容以 *Attack Detection in Recommender Systems Based on Target Item Analysis* 为题,发表在 Proceedings of the IJCNN. 2014. Beijing,China 国际会议上;以 *Shilling Attacks Detection in Recommender Systems Based on Target Item Analysis* 为题,发表在 *PLOS ONE* 学术期刊上,SCI 三区;以 *A QoS Preference-Based Algorithm for Service Composition in Service-Oriented Network* 为题,发表在 *Optik* 学术期刊上.

攻击概貌被注入推荐系统中后,用户概貌分为真实概貌和托攻击概貌。为了消除托攻击概貌对推荐系统的威胁,系统管理者需要将托攻击概貌准确地找出并消除其对推荐结果的影响。

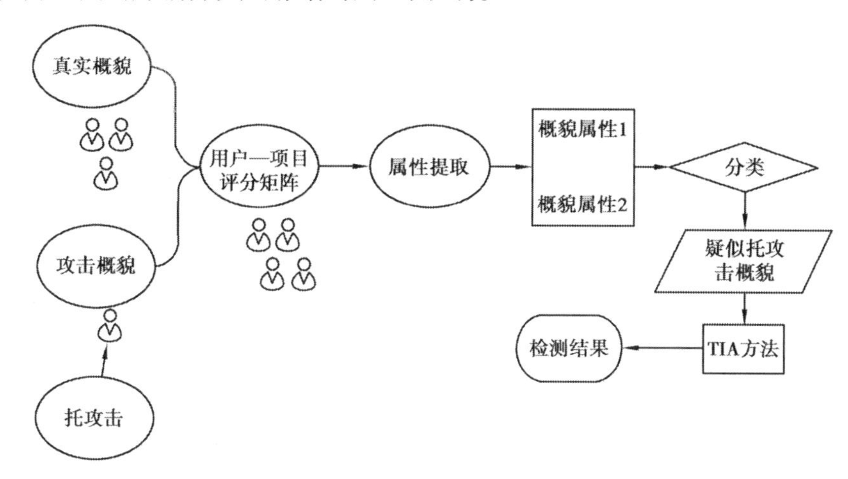

图4.1 基于概貌属性和目标项目分析的托攻击检测框架

基于此框架提出了两种托攻击检测算法,即RD-TIA和DeR-TIA。RD-TIA算法使用RDMA和DegSim概貌属性来对随机攻击模型和均值攻击模型的托攻击进行检测;针对RD-TIA算法不能检测段攻击模型的情况,DeR-TIA算法使用一种基于概貌属性DegSim的新的概貌属性DegSim'和RDMA概貌属性进行托攻击检测。

4.1.1 概貌属性和目标项目分析方法

基于概貌属性和目标项目分析的托攻击检测算法分为两个阶段。

①找出评分概貌是托攻击概貌的疑似概貌集合。本章通过提取用户评分概貌属性,使用统计分析的方法得到真实用户评分概貌属性分布和托攻击概貌属性分布。通过分析真实用户和托攻击用户的概貌属性值分布的不同,找出托攻击概貌的可能性大的用户概貌的集合。基于概貌属性和目标项目分析的托攻击检测框架第一阶段伪代码见表4.1。

表 4.1 基于概貌属性和目标项目分析的算法第一阶段伪代码

函数名：RD-TIA 第一阶段，找出可疑用户概貌集合 输入：评分矩阵 M 输出：可疑用户概貌集合 SUS_{RD}
1：Calculate profile features. 　　$RDMA_u$←Calculate RDMA(M)； 　　$DegSim_u$←DegSim(M)； 2：Classification. 　　$\{R_1, R_2\}$←Classify($RDMA_u$)； 　　$\{D_1, D_2\}$←Classify($DegSim_u$)； 　　$D=\max(D_1, D_2)$；$R=\max(R_1, R_2)$ 3：Intersection. 　　SUS_{RD}←$\{SUS_{RD} \mid D \cap R\}$； 4：return SUS_{RD}

②在第一个阶段中得到了用户概貌属性值异常的用户评分概貌作为托攻击评分结果的候选集合。这个集合不能直接作为最后的检测结果，因为这个候选集合有两个问题：一是，候选集中大量真实用户评分概貌被列入检测结果候选集中；二是，不能确定所有的托攻击概貌都在检测结果候选集中。所以检测算法的第一个阶段，尽量将托攻击概貌都包括在检测结果候选集中，并在第二阶段目标项目分析方法检索出托攻击概貌。

4.1.2 概貌属性提取

文献[105]中列出了一些推荐系统概貌属性，本书的算法选取 DegSim 和 RDMA 两个概貌属性作为托攻击检测算法的检测特征。图 4.2 展示了 DegSim 和 RDMA 属性的提取和概貌之间的关系。图 4.3 是 DegSim 和 RDMA 在均值攻击下的属性值分布情况。

(1) **RDMA(Rating Deviation from Mean Agreement)**

计算每个项目中概貌的平均误差值，RDMA 属性的计算如公式(4.1)所示。

$$V_{RDMA_u} = \frac{\sum_{i=0}^{N_u} \frac{|r_{u,i} - \overline{r_i}|}{NR_i}}{N_u} \tag{4.1}$$

其中，N_u 是用户 u 项目评分的个数，$r_{u,i}$是用户 u 对项目 i 的评分值，$\overline{r_i}$是项目 i 上所用评分的平均值，NR_i 是评分矩阵中对项目 i 所有评分的个数。

（2）**DegSim（Degree of Similarity）**

除了基于评分差异的概貌属性，因为托攻击概貌是由机器产生的，但是真实用户概貌的评分比较分散，研究者们发现攻击概貌和其 k 个最近邻居具有较高的相似度，这个特性可使用 DegSim 概貌属性捕捉。

DegSim 是基于用户概貌最近 k 个最近邻居相似度度量的一个概貌属性值。概貌的 V_{DegSim}的计算如公式（4.2）所示。

$$V_{DegSim} = \frac{\sum_{u=1}^{k} W_{uv}}{k} \tag{4.2}$$

其中，W_{uv}是用户概貌 u 和 v 的皮尔森相似度，k 是用户最近邻的个数，k 值可以由数据集来决定。在本书中，选取 $k=20$，即选取每个用户的最近邻 20 个邻居的相似度平均数作为每个概貌的 DegSim 值。

$$\begin{pmatrix} p_{1,1} & p_{1,2} & \cdots & p_{1,n} \\ p_{2,1} & p_{2,2} & \cdots & p_{2,n} \\ \vdots & \vdots & & \vdots \\ p_{m,1} & p_{m,2} & \cdots & p_{m,n} \end{pmatrix} = \begin{bmatrix} V_{RDMA_1} \\ V_{RDMA_2} \\ \vdots \\ V_{RDMA_m} \end{bmatrix}$$

$$\begin{pmatrix} p_{1,1} & p_{1,2} & \cdots & p_{1,n} \\ p_{2,1} & p_{2,2} & \cdots & p_{2,n} \\ \vdots & \vdots & & \vdots \\ p_{m,1} & p_{m,2} & \cdots & p_{m,n} \end{pmatrix} = \begin{bmatrix} V_{DegSim_1} \\ V_{DegSim_2} \\ \vdots \\ V_{DegSim_m} \end{bmatrix}$$

图 4.2　V_{DegSim}和 V_{RDMA}概貌属性提取

从图4.3中可以看出,在均值攻击模型下,托攻击用户的DegSim属性值普遍比真实用户的DegSim属性值低;而托攻击用户的RDMA属性值普遍比真实用户的RDMA属性值高。根据这个特征,在整个评分矩阵中DegSim属性值偏低,并且RDMA属性值偏高的用户评分概貌是托攻击概貌的可能性大。在第一个阶段中,选取RDMA属性值偏高的用户评分概貌作为托攻击检测结果的候选集。

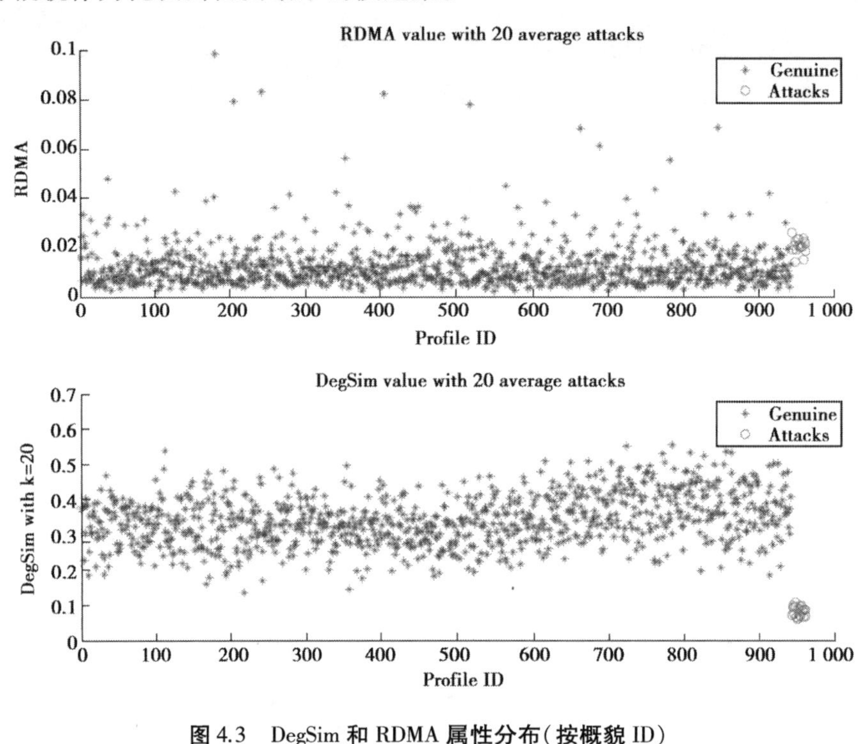

图4.3　DegSim和RDMA属性分布(按概貌ID)

4.2　RD-TIA托攻击检测方法

RD-TIA算法在基于目标项目分析的托攻击检测框架TIAF的基础上,提出了一种包含两个阶段的托攻击检测算法RD-TIA算法。该算法主要用来检测随机攻击模型和均值攻击模型两种攻击模型。下面介绍

RD-TIA 算法的思想和概貌属性阈值参数的设定。

4.2.1　RD-TIA 算法思想

总的来说,攻击者为了更有效率地改变目标项目在推荐系统中的排名,托攻击概貌和真实概貌有以下差异:第一,因为在随机攻击模型和均值攻击模型中,填充项目是随机选取的,所以托攻击概貌和正常用户概貌的相似度低;第二,托攻击者一般是试图将系统排名较低的项目推到系统排名较高的位置,或者试图将系统排名较高的项目压低到系统排名较低的位置,因此这些攻击概貌的评分将和真实概貌的评分存在差异;第三,托攻击概貌为了将目标项目在较短时间内改变在推荐系统中的排名,托攻击概貌是群体工作的,所有的托攻击概貌在目标项目上的评分都是最高分或者最低分,目标项目上评分为最高分或者评分为最低分的概貌个数将发生变化。基于这 3 个特点,本章提出了一种基于概貌属性和目标项目分析的托攻击检测算法 RD-TIA。

RD-TIA 算法包含两个阶段。第一个阶段主要是对概貌属性进行提取,本书提取了 DegSim 和 RDMA 属性。通过分析正常用户概貌属性和托攻击概貌属性的差异,将最有可能是托攻击的概貌分离出来作为候选集。由于如果在算法的第一个阶段托攻击概貌被误认为是正常概貌后,后面的 TIA 目标项目分析方法将不能正确找出这个用户概貌;另一方面,TIA 方法具有一定的容忍度,当正常概貌和托攻击概貌比例大的情况下,TIA 方法也能正常使用,所以在第一阶段设置参数时,尽量将托攻击概貌都包含在这个候选集中。第二个阶段主要是使用 TIA 的方法,利用评分矩阵稀疏性,找出被攻击的目标项目,从而检索出对目标项目实施攻击的所有托攻击概貌。

4.2.2　参数的设置

为了获得疑似概貌集合,首先由公式(4.1)和公式(4.2)获得所有概貌的 DegSim 和 RDMA 值,然后通过分析 DegSim 和 RDMA 概貌特征值的分布从而分别给两个属性设定一个阈值,将大于 RDMA 阈值并且小于 DegSim 阈值的概貌被放入托攻击概貌疑似概貌集合中。如公式(4.3)和公式(4.4)所示。

$$V_{RDMA_u} = \frac{\sum_{i=0}^{N_u} \frac{|r_{u,i} - \overline{r_i}|}{NR_i}}{N_u} \geqslant \eth_{RDMA} \tag{4.3}$$

取所有的 RDMA 属性值大于 $\eth_{RDMA}$ 的概貌放入集合 SP_{RDMA} 中,这些概貌的 RDMA 值大于一般正常概貌的 RDMA 属性值。

$$V_{DegSim} = \frac{\sum_{u=1}^{k} W_{uv}}{k} \leqslant \eth_{DegSim} \tag{4.4}$$

取所有的 DegSim 属性值大于 $\eth_{\mathrm{DegSim}}$ 的概貌放入集合 SP_{DegSim} 中,这些概貌的 DegSim 值大于一般正常概貌的 DegSim 属性值。将 RDMA 属性值大于 $\eth_{\mathrm{RDMA}}$ 的概貌并且 DegSim 属性值大于 $\eth_{\mathrm{DegSim}}$ 的概貌放入集合 SuspectedAttackers 中,如公式(4.5)所示。算法第一步就得到一个集合 SuspectedAttackers,这个集合是评分矩阵中最有可能成为托攻击的攻击概貌。

$$\text{SuspectedAttackers} = SP_{DegSim} \cap SP_{RDMA} \tag{4.5}$$

选取 DegSim 和 RDMA 阈值是基于他们的平均值乘以一个系数。如公式(4.6)和公式(4.7)所示。

$$\eth_{DegSim} = \lambda \sum_{u=1}^{n} \frac{V_{DegSim_u}}{n} \tag{4.6}$$

和

$$\eth_{RDMA} = \gamma \sum_{u=1}^{n} \frac{V_{RDMA_u}}{n} \tag{4.7}$$

本节设计一组实验,使用 MovieLens 100K 数据集,向数据集中注入填充率为 5%,攻击率为 5%的均值攻击概貌。测试当选取不同 RDMA 和 DegSim 阈值,使用 RD-TIA 检测算法第一阶段时的检测结果。其中不同系数下 RDMA 和 DegSim 的对托攻击的检测结果见表 4.2。

表 4.2　不同系数时 RDMA 和 DegSim 的检测结果

DegSim	RDMA	FP	FN	没有托攻击注入时的检测结果	
				FP	FN
1	1	9	5	3	3
1	0.9	13	4	3	3
1	0.8	15	2	3	2
1	0.7	16	1	3	1
1	0.6	17	0	3	0
1	0.5	19	1	3	2
0.9	1	9	4	3	5
0.9	0.9	13	4	3	3
0.9	0.8	15	2	3	1
0.9	0.7	16	1	3	0
0.9	0.6	17	1	3	0
0.9	0.5	18	2	3	0

设定 RDMA 和 DegSim 阈值时基于以下原则：RD-TIA 检测算法第一阶段不考虑真实概貌被误判为托攻击概貌的情况，尽量让所有的托攻击概貌都被选入疑似概貌集合中。如果在 RD-TIA 检测算法第一阶段漏选托攻击概貌，那么最终检测结果中托攻击概貌会被误判；而误判的正常概貌可以在 RD-TIA 检测算法第二阶段中被过滤掉。综合以上因素和测试结果，选取 DegSim 的阈值为 1；RDMA 的阈值为 0.6。

4.3　DeR-TIA 托攻击检测方法

本节提出的 DeR-TIA 算法在基于目标项目分析的托攻击检测框架 TIAF 的基础上，针对 RD-TIA 算法不能有效检测段攻击和流行攻击模型的问题，提出了一个新的概貌属性 DegSim’。并且分析了 DegSim’在被选择项目数变化时 DegSim’的分布，从而在新概貌属性 DegSim’的基础上提出了 DeR-TIA 托攻击检测算法。

4.3.1 **概貌属性** DegSim'

RD-TIA 算法对随机攻击模型和均值攻击模型的检测效率较高,但是在检测段攻击和流行攻击模型时,由于随着段攻击和流行攻击模型被选择项目 I_S 发生变化,使用 RDMA 和 DegSim 概貌属性值很难将真实概貌和托攻击概貌分开。

图 4.4 是在 MovieLens 100K 数据集中,注入攻击规模为 3%,填充规模为 5%的托攻击概貌时,概貌属性 DegSim 值随段攻击概貌中被选择项目的个数变化时的分布情况。从图 4.4 中看出,当段攻击概貌中被选择项目的个数改变时,DegSim 的值很不稳定,使用 RD-TIA 算法不能有效地检测段攻击模型。针对 RD-TIA 算法不能检测段攻击模型和流行攻击模型的情况,本书提出了一种基于概貌属性 DegSim 的新的概貌属性 DegSim'。

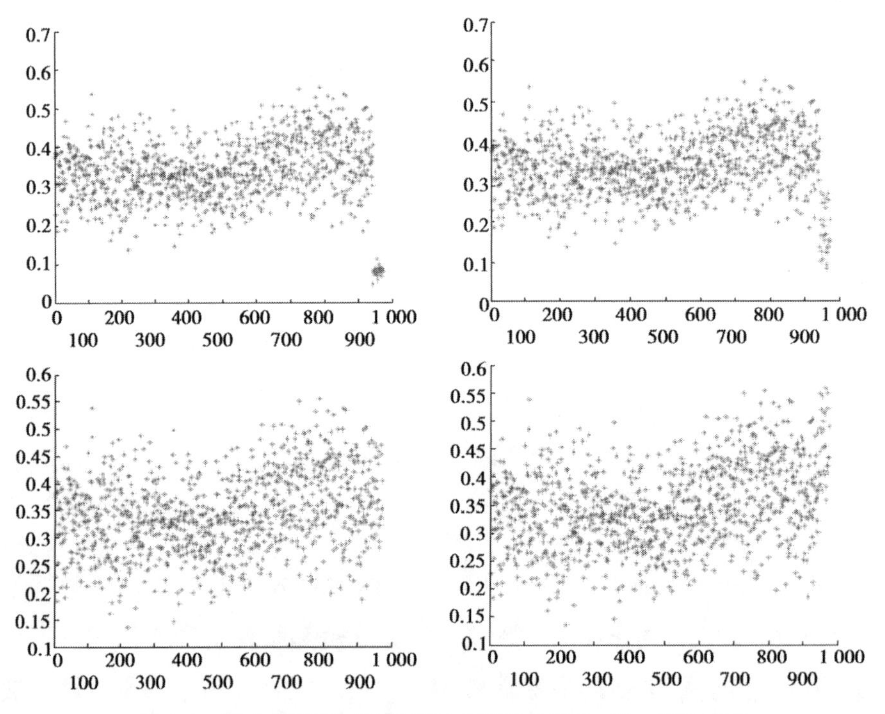

图 4.4　段攻击模型下选择项目个数变化时 DegSim 值的分布

DegSim'是在DegSim的基础上修改而来的。DegSim在检测随机攻击模型和均值攻击模型时有效，但是在检测段攻击模型时，由于段攻击模型攻击概貌包含选择项目集合，选择项目个数的不同使得攻击概貌的DegSim值随填充评分个数的变化而改变，使用原有的DegSim属性值已经不能有效地将攻击概貌和真实概貌分离。本书设计了一种基于DegSim的新的概貌属性。考虑到所有评分时，攻击概貌和真实概貌的DegSim值可能相差不大；而DegSim'则计算了所有评分域，因此只要有一个评分偏离，DegSim'属性值将变大，从而偏离正常值。DegSim'值越大，其成为攻击概貌的可能性越大，DegSim'由公式(2.10)计算。

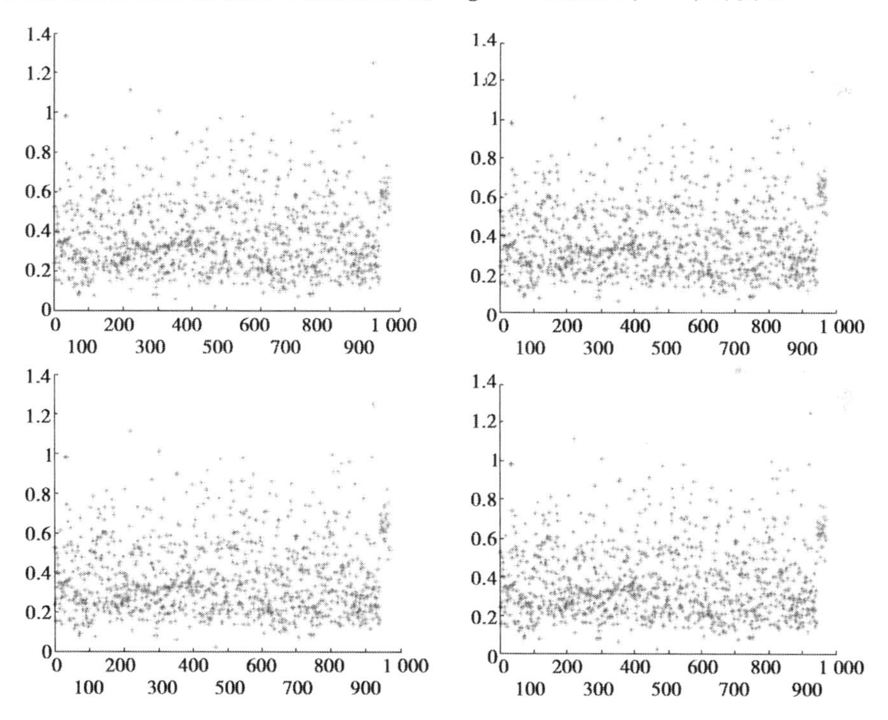

图4.5　段攻击模型下选择项目个数对概貌属性DegSim'的影响

图4.5是在MovieLens100K数据集中，注入攻击规模为3%，填充规模为5%的托攻击概貌时，概貌属性DegSim'值随段攻击概貌中选择项目个数变化时的分布情况。从图4.5中可以看出，当段攻击概貌中被选择项目的个数改变时，DegSim'的值较稳定，托攻击概貌的DegSim'的值大于

一般真实概貌的 DegSim'值。DegSim'概貌属性解决了原来 DegSim 属性随段攻击和流行攻击概貌中被选择项目的个数变化不稳定的问题。

4.3.2 算法思想

本小节将使用新提出的概貌属性 DegSim'值结合基于概貌属性和目标项目分析托攻击检测框架用于检测段攻击、流行攻击模型的托攻击,最终得到基于概貌属性和目标项目分析的算法 DeR-TIA。该算法第一阶段为寻找疑似托攻击概貌集合,其伪代码见表 4.3。

表 4.3 基于概貌属性和目标项目分析的算法 DeR-TIA 第一阶段伪代码

函数名:DeR-TIA 第一阶段,找出可疑用户概貌集合 输入:评分矩阵 M; 输出:可疑用户概貌集合 SUS_{RD}.
1:$RDMA_u \leftarrow$ Calculate $RDMA(M)$; 2:$DegSim' \leftarrow$ Calculate $DegSim'(M)$; 3:$\{R_1, R_2\} \leftarrow$ Calculate kmeans$(RDMA_u)$; 4:$\{D_1, D_2\} \leftarrow$ Calculate kmeans$(DegSim'_u)$; 5:$D \leftarrow \max(D_1, D_2)$;$R \leftarrow \max(R_1, R_2)$; 6:$SUS_{RD} \leftarrow \{SUS_{RD} \mid D \cap R\}$; 7:return Suspected profiles SUS_{RD}

4.4 实验过程与结果分析

为了验证提出的基于概貌属性和目标项目分析的托攻击检测算法,本节设计了两组实验来验证所提出算法的托攻击检测效率。第一组实验使用本章提出的 RD-TIA 算法检测单目标项目托攻击和多目标项目托攻击;第二组实验使用本章提出的 DeR-TIA 算法检测在常见攻击模型的托攻击。

4.4.1　实验数据集及环境

本实验所使用的数据集主要包括 MovieLens 电影评价数据集[①]、Netflix 数据集、Eachmovie 数据集等，数据集信息见表 4.4。其中 MovieLens 采集了一组从 20 世纪 90 年代末到 21 世纪初由 MovieLens 用户提供的电影评分数据。MovieLens 100K 数据集含有来自 943 名用户对 1 682 部电影的 10 万条评分数据。MovieLens 1M 数据集含有来自 6 000 名用户对 4 000 部电影的 100 万条评分数据。MovieLens 10M 数据集含有来自 72 000 名用户对 10 000 部电影的 1 000 万条评分数据。

本章并未使用 MovieLens 数据集的所有信息，只使用了用户 ID 信息、产品 ID 信息、用户对产品的评分信息等。用户和项目以及用户对项目的评分构成了一个评分矩阵 M，其中矩阵 M 中的元素 $M(m,n)$ 表示用户 ID 是 $User_m$ 的用户对项目 ID 是 $Item_n$ 的项目的评分。MovieLens 数据集评分矩阵的元素是从 1~5 的整数，0 表示未评分。数据集稀疏程度是指不包含数据的多维结构的单元的相对百分比。

实验软件环境为 MATLAB 2012b，硬件环境为 CPU Core i7-920 2.66 GHz，RAM 16.00 GB。

表 4.4　数据集信息

数据集	简称	用户数	电影(项目)数	评分数	数据集稀疏度
MovieLens 100K	ML100K	943	1 682	100K	94.96%
MovieLens 1M	ML1M	6 040	3 900	1 000 209	94.96%
MovieLens 10M	ML10M	71 567	10 681	10 000 054	98.69%
Netflix	Netflix	4 334	3 558	552 054	94.42%
Eachmovie	Eachmovie	2 000	1 623	137 425	95.77%

① http://www.grouplens.org/node/73

4.4.2 RD-TIA 检测结果及分析

在本小节中使用 MovieLens 100K 和 MovieLens 1M 数据集进行托攻击检测实验。实验将托攻击检测按目标项目个数分为单目标项目检测和多目标项目检测。其中,当托攻击只针对一个目标项目评分时的托攻击称为单目标项目攻击;当托攻击针对多个目标项目评分的托攻击称为多目标项目攻击。图 4.6 展示了使用 MovieLens 100K 数据集时算法对单目标项目检测和多目标项目检测的检测结果,并和文献[103]中算法的检测结果进行了比较。

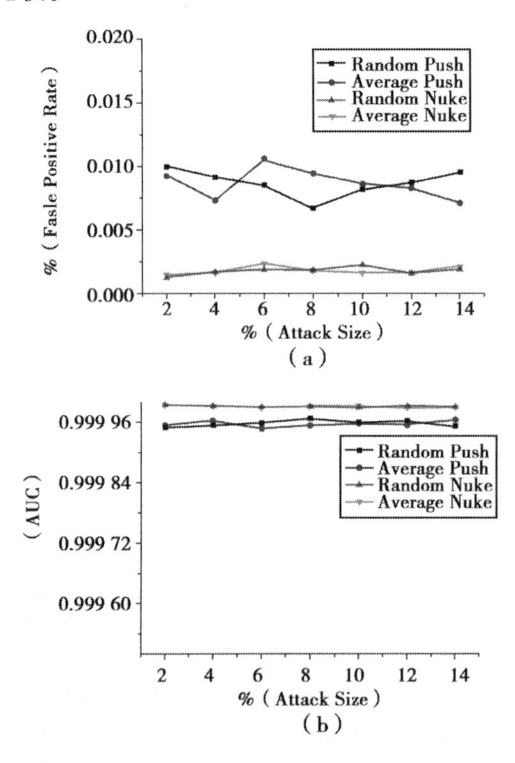

图 4.6 单目标项目下 RD-TIA 检测结果

(1)单目标项目检测(Single-target item detection)

在第一组实验中,使用 RD-TIA 算法检测单目标项目托攻击,即攻击概貌只针对一个目标项目实施攻击。RD-TIA 算法检测随机攻击和均值攻击两种托攻击,加上推攻击和核攻击两种攻击意图,共 4 种攻击类型的检测,即随机推攻击检测、均值推检测、随机核检测以及均值核检测。本节对所有的检测结果重复 50 次,求其均值。实验测试了填充规模为 3%,5%,7%,9%等不同的情况下使用 RD-TIA 算法检测单目标项目托攻击时检测结果的假正率和 AUC 值。

图 4.6 是实施单目标项目检测时,当填充规模为 5%时,各个检测指标随攻击规模变化时的结果。从图 4.6(a)可以看出,RD-TIA 算法检测 4 种攻击模型时检测结果假正率都处在较低水平,均低于 0.02%。当攻击规模变化时,假正率较稳定;当填充规模变化时,假正率变化幅度较小。

图 4.6(b)是单目标项目检测中填充规模为 5%时,检测结果假正率和 AUC 值在攻击规模不同时的检测结果。从图 4.6(b)可以看出,在填充规模为 5%时,AUC 值变化不大,都维持在较高水平。从图 4.6(b)可以看出,检测核攻击的假正率比检测推攻击的假正率小,这从核攻击检测和推攻击检测的 AUC 值也可以看出来,检测推攻击的 AUC 值普遍比检测核攻击的 AUC 值低。说明使用 RD-TIA 检测方法检测核攻击要比检测推攻击的检测效率高。总体上 RD-TIA 算法的检测单目标项目托攻击时效果较好,检测结果假正率维持在较低的水平,AUC 值接近 1。

表 4.5 是当填充规模为 3%,攻击概貌个数变化时,RD-TIA 算法检测单目标项目均值攻击的检测率。

表 4.5　单目标项目下均值攻击检测率

攻击规模	单项目均值推攻击	多项目均值核攻击
19	99.995%	99.989%
38	99.995%	99.989%
57	99.995%	99.995%
75	99.992%	99.995%
94	99.989%	99.989%
113	99.985%	99.990%
132	99.989%	99.993%

(2)**多目标项目检测(Multi-target item detection)**

第二组实验是使用 RD-TIA 算法检测多目标项目攻击,实验结果如图 4.7 所示。图 4.7(a)是填充规模为 5%时,多目标项目检测中各个检测指标随攻击规模变化时的结果。RD-TIA 算法在 4 种不同的攻击模型下假正率都处在较低水平,均低于 0.1%,并且当攻击规模变化时,假正率随目标项目个数的增加而升高。

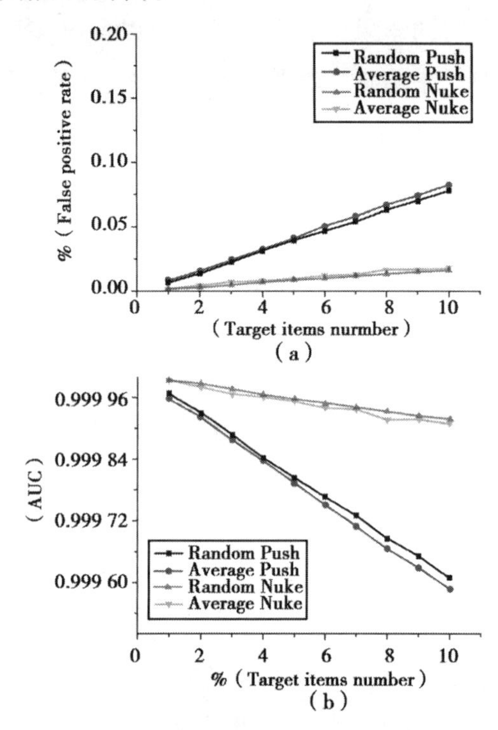

图 4.7　多目标项目下 RD-TIA 检测结果

从图 4.7(b)可以看出,在填充规模为 5%的单目标项目检测时,AUC 值随目标项目个数的增加而下降。核攻击假正率的变化率要比推攻击的变化率小,并且推攻击的假正率总体要比核攻击的假正率的高,这从核攻击检测和推攻击检测的 AUC 值也可以看出来,推攻击的 AUC 值普遍比核攻击的 AUC 值低。说明使用托攻击检测方法检测核攻击要比检测推攻击的检测效率高。总的来说,RD-TIA 算法检测多目标项目托攻击时效果较好,检测结果假正率维持在较低水平。

表 4.6　多目标项目均值攻击检测率

目标项目个数	多项目均值推攻击	多项目均值核攻击
1	99.990%	99.995%
2	99.990%	99.993%
3	99.993%	99.997%
4	99.993%	99.996%
5	99.994%	99.994%
6	99.995%	99.997%
7	99.992%	99.995%
8	99.994%	99.991%
9	99.994%	99.993%
10	99.993%	99.992%

表 4.6 是多目标项目下当攻击概貌个数变化时,多目标项目的均值攻击的检测率。其中,填充规模为 5%,目标项目数目从 1~10 变化,每个目标项目有 20 个托攻击概貌评分。从表 4.6 中可以看出,检测结果假正率随着目标项目数的增加而增长。当攻击为同一意图时,检测结果中随机攻击和均值攻击的假正率相差不大,但是核攻击的假正率比推攻击的假正率低,并且核攻击的 AUC 值比推攻击的 AUC 高,这说明算法在检测核攻击的性能要比检测推攻击的性能高。

与多目标项目托攻击检测相比,单目标项目托攻击检测的结果要好于多目标项目托攻击的检测效果。当填充规模大于 3%时,二者的检测效率接近 100%。

(3)和基于 SVD 托攻击检测算法的比较

为了说明 RD-TIA 算法的检测效率,使用 MovieLens 1M 数据集和文献[103]中 Sheng Zhang 的基于 SVD 的算法比较。在实验中选取了和文献[103]中同样的实验参数。

表 4.7　攻击规模变化时均值攻击模型下检测结果

算法	攻击意图	攻击大小	Δ_{AUC}	检测率	假正率
SVD-based	推攻击	20	0.999 9±0.000 1	99.25%±1.83%	0.22%±0.01%
		50	0.999 8±0.000 2	97.80%±1.82%	0.14%±0.02%
		100	0.999 9±0.000 1	96.95%±1.73%	0.07%±0.01%
		200	0.999 9±0.000 0	94.20%±1.41%	0.02%±0.01%
	核攻击	20	0.999 9±0.000 1	94.20%±1.41%	0.22%±0.01%
		50	0.999 8±0.000 2	98.00%±1.72%	0.15%±0.02%
		100	0.999 9±0.000 0	97.75%±1.12%	0.06%±0.01%
		200	0.999 9±0.000 0	93.55%±1.86%	0.02%±0.01%
RD-TIA	推攻击	20	0.999 99±0.000 01	100%	0.003%±0.002%
		50	0.999 99±0.000 01	100%	0.001%±0.001%
		100	0.999 99±0.000 01	100%	0.002%±0.002%
		200	0.999 99±0.000 01	100%	0.001%±0.001%
	核攻击	20	0.999 96±0.000 03	100%	0.01%±0.01%
		50	0.999 90±0.000 06	100%	0.02%±0.01%
		100	0.999 66±0.000 04	100%	0.07%±0.01%
		200	0.999 59±0.000 01	100%	0.08%±0.00%

表 4.7 是在攻击规模变化的情况下，使用 RD-TIA 检测算法和基于 SVD 的检测算法[109]的比较。从表 4.7 中可以看出，当填充规模为 3%，攻击规模变化时检测均值攻击，RD-TIA 检测算法的检测率接近 100%，检测结果假正率也低于 SVD-based 算法。

表 4.8 是在攻击规模是 100 个攻击概貌，概貌中评分个数变化的情况下，使用 RD-TIA 检测算法和基于 SVD 的检测算法的比较。表中比较了 3 个参数，即 AUC、检测率和假正率。RD-TIA 算法的 AUC 和检测率指

标都要优于 SVD-based 算法。当填充大小小于 1 000 时，RD-TIA 算法的假正率要优于 SVD-based 算法。

表 4.8　填充规模变化时检测结果

评分项目	SVD-based			RD-TIA		
	Δ_{AUC}	检测率	假正率	Δ_{AUC}	检测率	假正率
20	0.9744± 0.015 0	7.45%± 4.72%	0.17%± 0.02%	0.999 94± 0.000 17	99.99%	0.003%± 0.002%
50	0.994 1± 0.003 0	46.35%± 8.97%	0.10%± 0.01%	0.999 98± 0.000 01	100%	0.001%± 0.001%
100	0.997 7± 0.000 7	68.10%± 6.19%	0.07%± 0.01%	0.999 99± 0.000 02	100%	0.002%± 0.002%
150	0.998 6± 0.000 5	74.95%± 4.68%	0.06%± 0.00%	0.999 98± 0.000 02	100%	0.001%± 0.001%
500	0.999 7± 0.000 1	93.10%± 3.63%	0.07%± 0.00%	0.999 99± 0.000 01	100%	0.01%± 0.01%
1000	0.999 9± 0.000 1	97.10%± 1.92%	0.06%± 0.01%	0.999 98± 0.000 02	100%	0.02%± 0.01%
2000	0.999 9± 0.000 1	96.95%± 1.73%	0.07%± 0.01%	0.999 99± 0.000 01	100%	0.07%± 0.01%
All	0.999 5± 0.000 2	87.75%± 2.51%	0.06%± 0.02%	0.999 98± 0.000 02	100%	0.08%± 0.00%

表 4.9 是在攻击规模是 100 个攻击概貌时，在目标项目个数变化情况下使用 RD-TIA 的检测算法和基于 SVD 的检测算法的比较。

表 4.9　目标项目个数变化时检测结果

目标项目数	SVD-based			RD-TIA		
	Δ_{AUC}	检测率	假正率	Δ_{AUC}	检测率	假正率
1	0.999 9± 0.000 1	96.95%± 1.73%	0.07%± 0.01%	0.999 99± 0.000 01	100%	0.003%± 0.002%

续表

目标项目数	SVD-based			RD-TIA		
	Δ_{AUC}	检测率	假正率	Δ_{AUC}	检测率	假正率
2	0.999 9±0.000 1	97.45%±1.32%	0.06%±0.01%	0.999 97±0.000 01	100%	0.005±0.003%
5	0.999 9±0.000 0	97.75%±1.37%	0.07%±0.01%	0.999 92±0.000 02	100%	0.016%±0.005%
10	0.999 7±0.000 2	92.20%±4.50%	0.07%±0.01%	0.999 89±0.000 02	100%	0.023%±0.004%
20	0.998 7±0.000 2	65.15%±4.61%	0.08%±0.02%	0.999 83±0.000 00	100%	0.033%±0.000%

表 4.10 是攻击规模是 100 个攻击概貌,被评分个数变化情况下使用 RD-TIA 的检测算法和基于 SVD 的检测算法的比较。

表 4.10 评分个数变化时的检测结果

评分项目数	SVD-based			RD-TIA		
	Δ_{AUC}	检测率	假正率	Δ_{AUC}	检测率	假正率
20	0.961 4±0.020 7	0.514 1±0.005 4	00.22%±0.02%	0.999 99±0.000 02	100%	0.002%±0.003%
50	0.973 5±0.007 8	14.10%±5.54%	0.17%±0.01%	0.999 99±0.000 01	100%	0.001%±0.001%
100	0.958 2±0.008 8	6.45%±2.58%	0.18%±0.01%	0.999 98±0.000 01	100%	0.003%±0.003%
150	0.932 4±0.012 1	1.85%±1.46%	0.20%±0.01%	0.999 99±0.000 01	100%	0.002%±0.002%
500	0.684 4±0.010 1	0	0.24%±0.01%	0.999 99±0.000 02	100%	0.002%±0.004%
All	0.514 1±0.005 4	0	0.22%±0.02%	0.999 99±0.000 02	100%	0.002%±0.004%

4.4.3　DeR-TIA 检测结果及分析

在本小节中使用的数据集是 MovieLens 100K 数据集，MovieLens 1M 数据集，NetFlix 数据集（子集）和 Eachmovie 数据集，测试 DeR-TIA 算法在不同数据集下的检测效率，检测算法的子适应性。实验测试了段攻击模型中选择项目个数变化时 DeR-TIA 算法的检测结果，并分析不同数据集下对托攻击的检测结果，然后和文献[90]中的算法比较，最后为了测试 DeR-TIA 算法检测混合攻击的性能，设计了实验使用 DeR-TIA 算法检测混合攻击模型，并给出了实验结果。

(1) 不同数据集下 DeR-TIA 算法的性能

图 4.8 是使用 DeR-TIA 托攻击检测算法在不同数据集下的检测率和误判率。图 4.8(a)是当攻击规模为 5%，填充规模变化时的托攻击检测

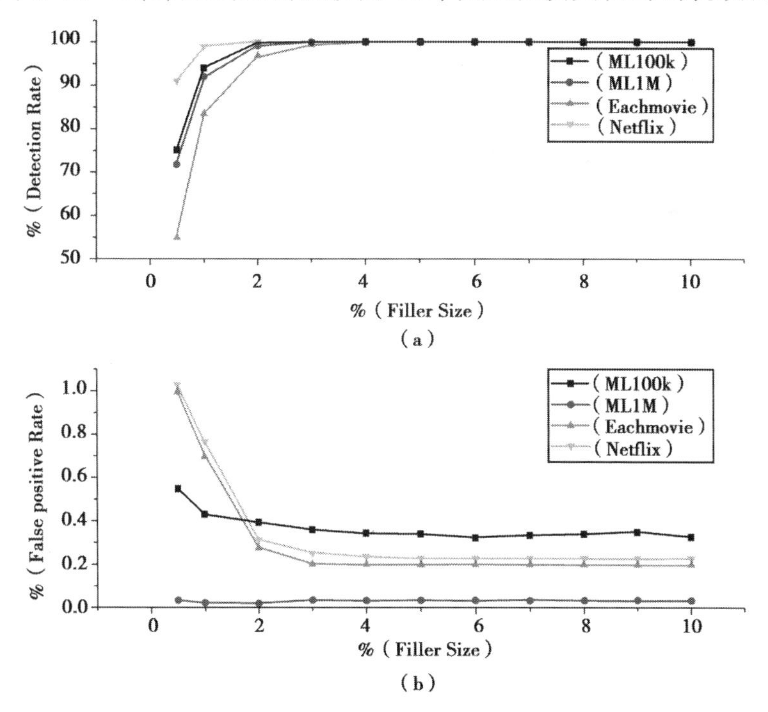

图 4.8　填充规模变化时不同数据集下托攻击检测准确率和假正率

率,图4.8(b)是相同攻击规模与填充规模下的误判率。从图4.8(a)可以看出,在填充规模为0到3%时,托攻击检测率随填充规模的增加也提高;当填充规模大于3%时,DeR-TIA托攻击检测算法的检测率接近100%。另外,在填充规模为0到3%时,DeR-TIA托攻击检测算法的误判率不断下降;当填充规模大于3%时,DeR-TIA托攻击检测算法的误判率小于0.5%。

(2)**DeR-TIA算法和其他算法比较**

在第二组实验中,本书使用MovieLens 100K数据集进行结果展示,用DeR-TIA算法与一种无监督的βρ-based方法比较。比较算法中段攻击概貌的被选择项目 $I_S=0$,填充规模为5%,攻击规模分别为1%、3%、5%、7%、9%时的检测率与误判率。从图4.9可以看出,当填充规模大于2%时,DeR-TIA算法的检测效率要高于βρ-based方法;βρ-based方法的误判率在10%左右徘徊,而DeR-TIA算法的误判率不超过1%。总体来说,DeR-TIA算法的检测率和误判率要优于βρ-based方法。

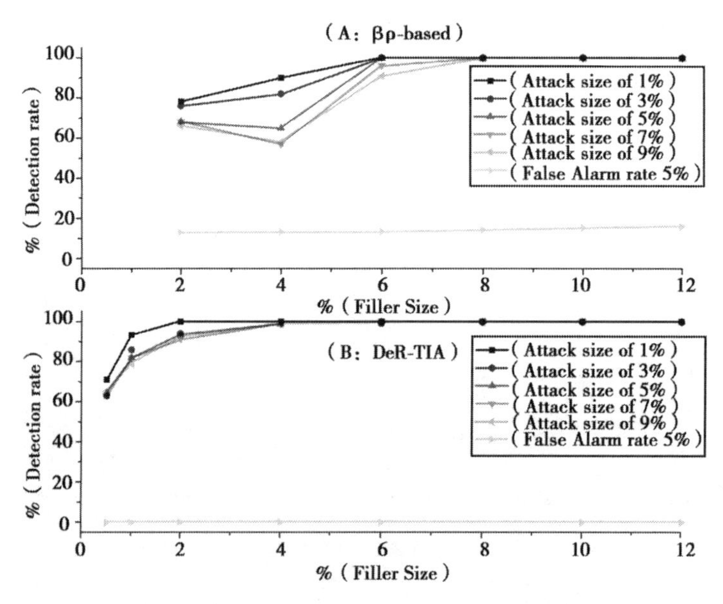

图4.9 两种托攻击检测算法检测率和误判率比较

(3)当段攻击概貌中被选择项目个数变化时 DeR-TIA 算法的性能

第三组实验比较了两种算法在填充规模为5%,攻击规模分别为1%、3%、5%、7%、9%时,段攻击概貌中被选择项目个数变化时的检测效率。从图4.10可以发现DeR-TIA算法的检测率和误判率要优于βρ-based方法。

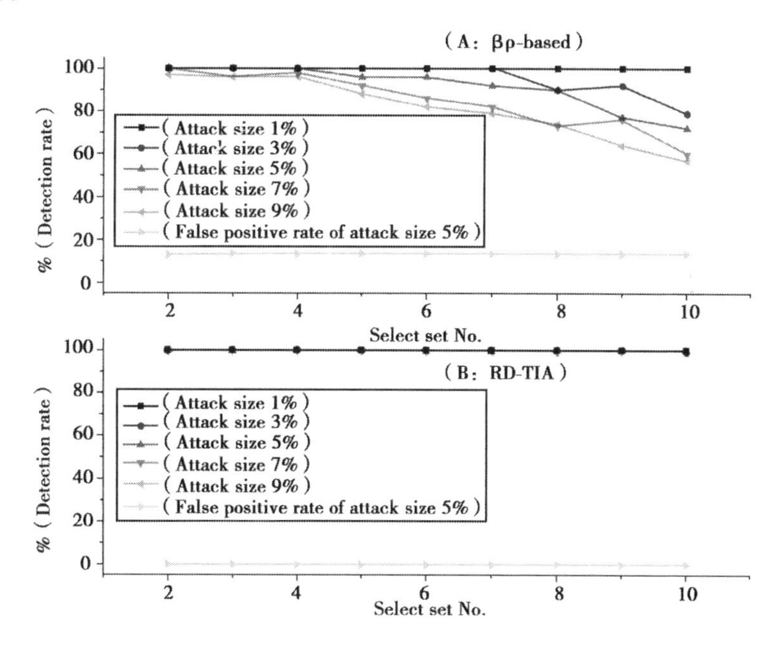

图4.10　托攻击概貌中被选择项目个数变化时两种算法比较

(4)混合攻击模型下 DeR-TIA 算法的性能

为了检验DeR-TIA算法检测混合攻击模型的性能,本书设计了两种混合攻击类型,分别是随机 & 流行混合攻击模型和均值 & 流行攻击模型,并且按照1∶1的比例生成托攻击概貌,与单类攻击模型作了对比。下面的实验主要用于测试在当攻击率为10%,填充率发生变化时,使用DeR-TIA算法检测各种攻击模型的性能。从图4.11(a)可以看出,当填充率小于10%时,算法的灵敏度随填充率的增加而增加;当填充率大于10%时,算法的灵敏度接近100%。从图4.11(b)可以看出,检测结果的AUC指标和灵敏度指标趋势基本一致,当填充率小于10%时,算法的AUC值随填充率的增加而升高;当填充率大于10%时,算法的灵敏度接近1。图4.12是检测指标区分度随填充率变化时的结果。从图4.12可以看出,区分度值一直保持100%附近,这说明使用DeR-TIA算法检测混合攻击模型的检测率较高。

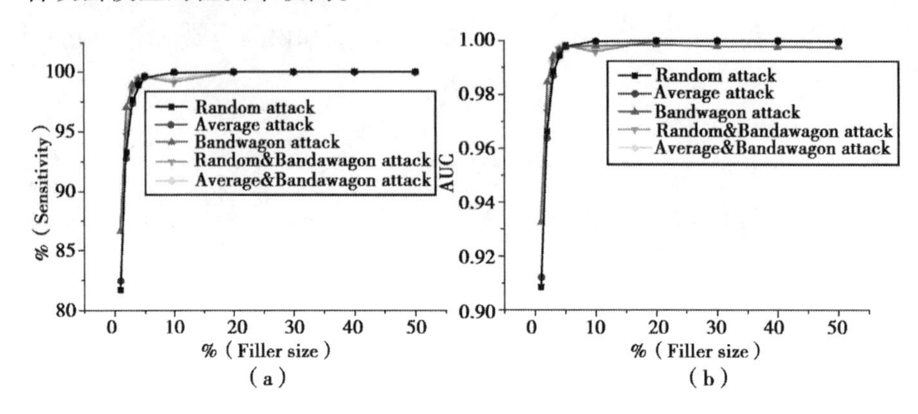

图4.11 不同攻击模型下的灵敏度和AUC

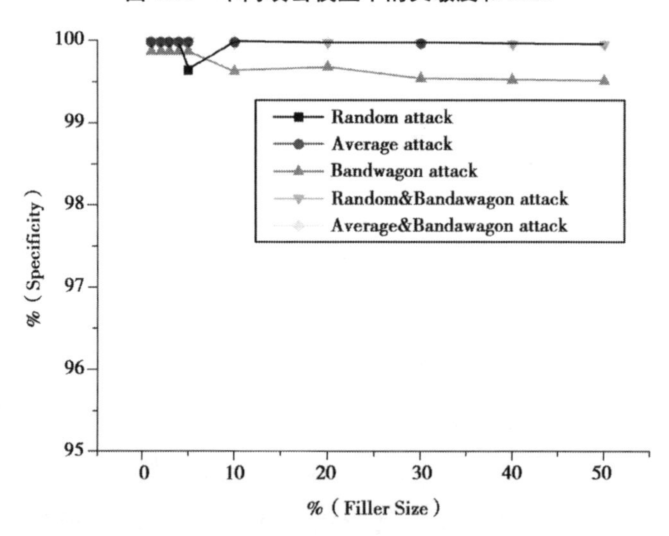

图4.12 不同攻击模型下的区分度

4.4.4 实验结果分析

从本章的实验结果可以看出,在同等条件下,算法对随机攻击的检测率要比均值攻击的检测率高,检测效果好。算法对核攻击的检测结果假正率低于推攻击的假正率。表4.11是MovieLens的评分矩阵,评分矩阵中“1”的评分占所有非零评分的 6.07%；同时评分矩阵中“5”的评分占所有非零评分的 21.07%；正是因为评分矩阵中“1”和“5”的评分所占的比率不同，直接影响着 RD-TIA 算法对推攻击和核攻击的托攻击检测的效率。

表 4.11　MovieLens 100K 数据集中各个评分所占的比例

评分值	评分数目	评分数占全部评分数比例
1	4 853	6.07%
2	9 185	11.48%
3	21 811	27.26%
4	27 294	34.12%
5	16 857	21.07%

表 4.12　两种算法的检测结果优缺点对比

	RD-TIA	DeR-TIA
攻击模型	随机攻击和均值攻击模型	随机攻击、均值攻击、流行攻击、段攻击以及上述几种模型的混合模型
算法需要系统知识	较多	较少
时间消耗	较少	较多

在攻击者执行核攻击后，对目标项目的评分大部分是“1”。使用 RD-TIA 算法识别出目标项目后，在目标项目上真实用户评分是“1”的概率低，这样就减少了检测结果为假正的概率。同样，在攻击者执行推攻击后，对目标项目的评分大部分是“5”。使用 RD-TIA 算法识别出目标项目后，在目标项目上真实用户评分是“5”的概率高，这样就增加了检测结果为假正的概率。这也解释在等条件下，随机攻击的检测率要比均值攻击的检测效果好。

基于概貌属性和目标项目分析的算法框架下的两种算法 RD-TIA 和

DeR-TIA 各有优劣,其中 RD-TIA 算法,对托攻击的检测率较高,算法时间消耗较少,但是只能检测随机攻击模型和均值攻击模型且需要较多的推荐系统先验知识;DeR-TIA 算法可用来检测随机攻击模型、均值攻击模型、段攻击模型和流行攻击模型,适用范围较广且算法需要的系统先验知识比 RD-TIA 算法少,但是算法的时间消耗较 RD-TIA 算法多。两种检测算法的比较见表 4.12。

表 4.13　无攻击概貌注入时两种算法的检测结果

检测算法	真实概貌被误判为攻击概貌 ID
RD-TIA	195, 219, 358
DeR-TIA	46, 112, 126, 166, 206, 260, 507, 519, 531, 578, 609, 626, 724, 782, 841

当评分矩阵中没有托攻击概貌注入时,使用 RD-TIA 算法和 DeR-TIA 算法检测结果见表 4.13。如果不使用攻击概貌最低为 6 的阈值参数,有 3 个正常概貌被 RD-TIA 算法标记为攻击概貌(推攻击);使用 DeR-TIA 算法有 15 个正常概貌被 DeR-TIA 算法标记为攻击概貌(推攻击)。当重复托攻击概貌检测实验时,在推攻击类型的检测结果中,这 3 个概貌出现的次数最多,可以认为这 3 个用户概貌属于噪声数据。推荐系统中有数以百万计的用户概貌,删除几个概貌并不会影响推荐系统的准确性。

4.5　本章小结

本章在上一节提出的基于概貌属性和目标项目分析的框架的基础上,提出了两种托攻击检测算法,即 RD-TIA 和 DeR-TIA。RD-TIA 算法检测随机攻击模型和均值攻击模型的托攻击时效果较好,但不能有效检测段攻击和流行攻击模型。针对 RD-TIA 的问题,在概貌属性 DegSim 的基础上提出了一个新的概貌属性 DegSim' 用于检测更为复杂的攻击,并将其应用到 DeR-TIA 算法中。为了验证本章所提出 RD-TIA 和 DeR-TIA 方法的托攻击检测性能,在多个数据上设计了多组实验,并分别与目前检测效率较高托攻击检测算法(SVD-based)和 βρ-based 方法做了对比。仿真实验结果表明:基于目标项目分析的托攻击检测算法与其他无监督检测方法相比,检测结果有较高的准确率和较低的误判率。

第5章 基于支持向量机和目标项目分析的托攻击检测研究①

5.1 问题的提出

Vapnik 等人[110]提出了一种新型的机器学习方法:支持向量机(Support Vector Machine,SVM)。SVM 有小样本学习、泛化能力较强等特点,能够有效避免过学习、局部极小点以及“维数灾难”等问题[111, 112]。文献[71, 72, 113-115]将 SVM 方法应用到推荐系统托攻击检测中,通过提取用户概貌属性,构建托攻击检测模型,并与其他监督学习方法如决策树、神经网络等方法做了对比,基于 SVM 检测方法总体性能优于其他方法。

一般的学习器存在以下两个假设:一个是使得学习器的准确率最高;另外一个是学习器用在与训练集有相同分布的测试集上[116]。如果数据

① 本章主要内容以 *A Shilling Attack Detection Method Based on SVM and Target Item Analysis in Collaborative Filtering Recommender Systems* 为题,发表在 KSEM 2015 国际会议上.以“SVM-TIA A Shilling Attack Detection Method Based on SVM and Target Item Analysis in Recommender Systems”为题发表在 Neurocomputing 期刊上.

不平衡，那么分类器将更偏向预测结果为比例更大的类别[117]。当数据集中的阳性数据比阴性数据少很多，在分类时会使得学习到的模型更偏向于阴性结果[118, 119]。比如说阳性的比例为 1%，阴性的比例为 99%，很明显的是即使不学习，直接预测所有结果为阴性，这样做的准确率也能够达到 99%，而如果建立一个学习模型，其分类准确率也很可能达不到 99%。这就是数据类不平衡所造成的问题。

针对上述问题，为了降低基于 SVM 的检测方法将真实概貌误判为托攻击概貌的误报率，提高托攻击检测算法的泛化性，本章在基于目标项目分析的托攻击检测框架 TIAF 的基础上，提出了基于监督学习和目标项目分析相结合的托攻击检测方法。首先，在原有少量标记样本的基础上，使用 K-最近邻法和自适应人工合成样本方法 Borderline-SMOTE 人工拟合标记样本，减小样本的类不均衡影响；然后在生成的训练集上训练得到支持向量机分类器，并分析分类器性能。

5.2　相关理论

本节分析了基于支持向量机和目标项目分析的托攻击检测算法用到的技术和方法，包括支持向量机、交叉验证和 K-最近邻算法，自适应人工合成样本方法 Borderline-SMOTE 理论等。

(1) **支持向量机**

支持向量机是一般化线性分类器，可应用于统计分类以及回归分析[112]，并且已经成功应用于模式识别、数据挖掘和文本分类等领域[120, 121]。支持向量机通过构造一个分类超平面或者多个超平面用于对数据样本进行分类，这些超平面可能是高维的，甚至可能是无限多维的。在具体的分类任务中，支持向量机的原理是将决策面(超平面)放置在这样的一个位置，其中，两类中接近这个位置的点距离的都最远[122]。以两类线性可分问题为例，如果要在两个类之间画一条线，那么按照支持向量机的原理，先找两类之间最大的空白间隔，然后在空白间隔的中点画一条线,这条线平行于空白间隔。在非线性可分问题中,通过核函数使得支持向量机对非线性样本进行分类。

假如有一些训练数据的正负样本:$\{x_i,y_i\}, i=1,\cdots,l, y_i\in\{-1,1\}$, $x_i\in R^d$,假设有一个超平面 $H:w\cdot x+b=0$,可以将这些正负样本正确地分割开,并且存在两个平行于 H 的超平面 $H1$ 和 $H2$:

$$w\cdot x+b=1 \tag{5.1}$$

$$w\cdot x+b=-1 \tag{5.2}$$

使离超平面 H 最近的正负样本刚好分别落在超平面 $H1$ 和 $H2$ 上,这些正负样本就是支持向量。其他所有的训练样本都将位于 $H1$ 和 $H2$ 之外,也就是满足约束:

$$w\cdot x_i+b\geqslant 1 \quad \text{for} \quad y_i=1$$

$$w\cdot x_i+b\leqslant -1 \quad \text{for} \quad y_i=-1$$

即:

$$y_i(w\cdot x_i+b)-1\geqslant 0 \tag{5.3}$$

而超平面 $H1$ 和 $H2$ 的距离:

$$V_{Margin}=2/\|w\|$$

SVM 的任务就是寻找一个合适的超平面将正负样本分开,并且使 $H1$ 和 $H2$ 的间隔最大。

(2)**交叉验证**

交叉验证(Cross Validation)是一种将数据样本分成较小子集的方法。先在一个子集上做分析,而再其他子集上做后续对比分析。一开始的子集被称为训练集,剩余的子集则被称为测试集,使用交叉验证可以得到可靠稳定的模型。例如 10 折交叉验证,将数据集分为 10 份,轮流将其中 9 份作训练、1 份作测试,将 10 次计算结果均值作为对算法精度的估计。

(3)**K-最近邻法**

K-最近邻法[123]是最近邻算法的一个推广应用,对未知样本进行类别决策仅与 k 个相邻样本有关。K-最近邻法灵活性较好,可与其他模型整合[124]。因此,通常将 K-最近邻法与其他分类技术结合以取得更好的分类效果。

（4）**自适应人工合成样本方法（Borderline-SMOTE）**

传统基于监督学习方法能对平衡数据集进行较好的分类，但在实际应用中数据集标签往往不均衡，这种类不均衡问题会导致分类器过分类结果较差。推荐系统中的托攻击概貌检测其评分数据是典型的不均衡数据集。托攻击概貌占所有概貌的比值往往很低，使用传统的分类方法分类效果很差。在推荐系统托攻击检测中，人们关心的是托攻击类（少数类），因为检测结果中托攻击概貌被误判为真实概貌的代价较高。近年来，学者们在两个方面针对类不均衡问题提出了改进：一是从数据集的角度，通过人工集合少类数据，减小两类数据的差异；另一个是从算法角度解决不均衡问题。本书采用在数据集层面的处理方法改善不均衡数据集。

随机抽样是处理不均衡数据最基本的方法，算法随机选择少数类样本，并将复制的样本添加到少数类中，这就增加了少数类的个数，但是简单地将复制后的数据添加少数类集合中可能使分类器出现过拟合现象。为了解决随机抽样的过拟合问题，Chawla N.V 等[125]提出了一种基于人工合成少数类过抽样技术（synthetic minority over-sampling technique，SMOTE）。该算法的基本思想是：首先寻找每一个少数类样本的 k 个同类最近邻样本（其中 k 通常是大于 1 的奇数），然后随机选择 k 个最近邻中的一个，并在这两个样本之间随机线性插值，构造出新的人工少数类样本。SMOTE 方法可以有效地解决分类过拟合问题，而且可使分类器性能得到显著提高。但是由于 SMOTE 算法对每个少数类样本人工合成相同数量的数据样本，而没有充分考虑边界样本的分布特点，因此使得类间发生重复的概率增加。为了克服上述缺点和不足，近些年一些学者相继提出了许多 SMOTE 算法的改进。例如文献[126]提出的使用最近邻样本均值点人工合成样本的 D-SMOTE 算法；文献[127]使用周围空间结构信息的邻居计算公式提出的 N-SMOTE 过抽样算法。

此外，还有一些自适应过抽样方法相继被提出，代表性的算法包括 Borderline-SMOTE 算法[128]和自适应合成抽样算法。SMOTE 算法为少数类样本集中每一个样本生成人工合成样本，但是非边界样本对分类的作用不大，所以 Borderline-SMOTE 算法只为那些靠近边界的少数类样本合成样本。

Borderline-SMOTE 算法描述如下:设训练样本集为 T,少数类样本为 $F=\{f_1,f_2,\cdots,f_n\}$。

①计算少数类样本集 F 中每一个样本在训练集 T 中的 k 个最近邻,然后根据这 k 个最近邻对 F 中的样本归类:加入这 k 个最近邻都是多数类样本则将该样本定为噪声样本,放入 N' 集合中;反之 k 个最近邻都是少数类样本则该样本是远离分类边界样本,将其放入 S 集合中;最后 k 个最近邻即有多数类样本又有少数类样本则认为是边界样本,存入集合 B 中。Borderline-SMOTE 算法流程如图 5.1 所示。

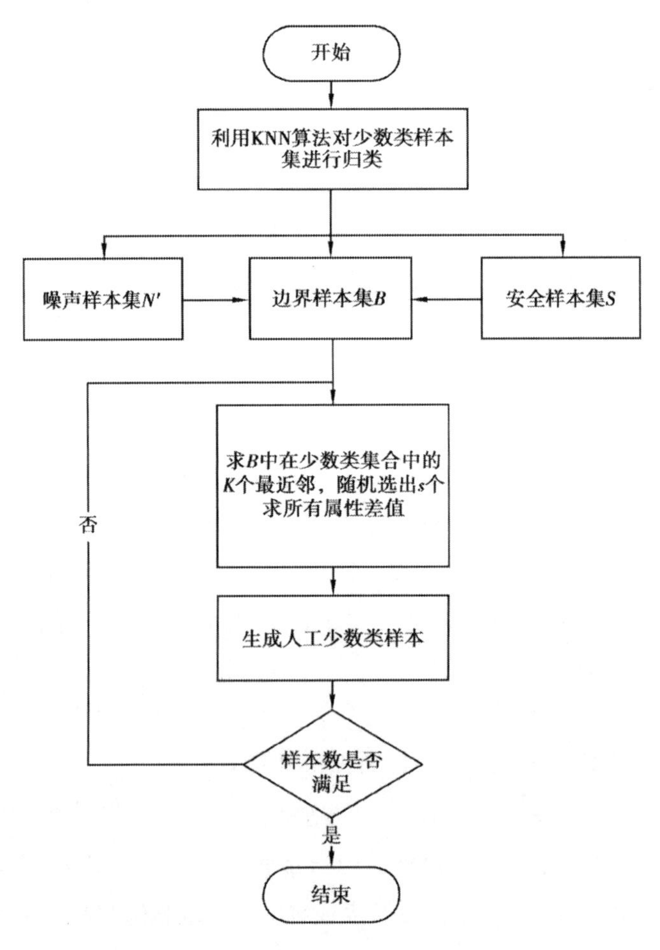

图 5.1　Borderline-SMOTE 算法流程

②设边界样本集 $B=\{f'_1,f'_2,\cdots,f'_b\}$，计算 B 集合中的每一个样本 f'_i，$i=1,2,\cdots,b$ 在少数类样本 F 中的 k' 个最近邻 f_{ij} 并随机选出 $s(1<s<b)$ 个最近邻，计算出它们各自与该样本之间的全部属性的差值 d_{ij}：$d_{ij}=f'_i-f_{ij}$，$j=1,2,\cdots,s$ 然后乘以一个随机数 r_{ij}，$r_{ij}\in(0,1)$［如果 f_{ij} 是 N 集合或 S 集合中的样本，那么 $r_{ij}\in(0,0.5)$］。生成人工少数类样本：

$$h_{ij}=f_i+ri_j\times di_j,j=1,2,\cdots,s \tag{5.4}$$

③重复过程②，直到生成人工少数类样本的数目满足均衡样本集的要求，算法结束。

5.3　基于支持向量机和目标项目分析的托攻击检测

5.3.1　SVM-TIA 算法基本流程

为了减少非监督学习算法对推荐系统知识的依赖，提高算法的普适性，本节提出一种基于监督学习的托攻击检测框架。本章在第 4 章基于目标项目分析托攻击检测算法 RD-TIA 的基础上，改进了 RD-TIA 算法的第一部分，即基于 SVM 的方法替代基于目标项目分析托攻击框架中的第一部分。SVM-TIA 算法检测托攻击概貌的流程如图 5.2 所示。

5.3.2　概貌属性信息增益分析

在机器学习过程中，经常使用信息增益来评价一个属性对分类系统的重要性。一个属性的信息增益越大，表明属性对样本的熵减少的能力越强，这个属性使得数据由不确定性变成确定性的能力也越强。一个特征属性能为分类器带来的信息越多，该特征属性越重要。显然，某个特征项的信息增益值越大，表示其对分类的贡献越大，对分类也越重要。因此通常选取信息增益值大的特征向量[129]。由于每个概貌属性计算侧重点不同，本书使用信息增益的概念得到每个概貌属性在概貌分类时所起的

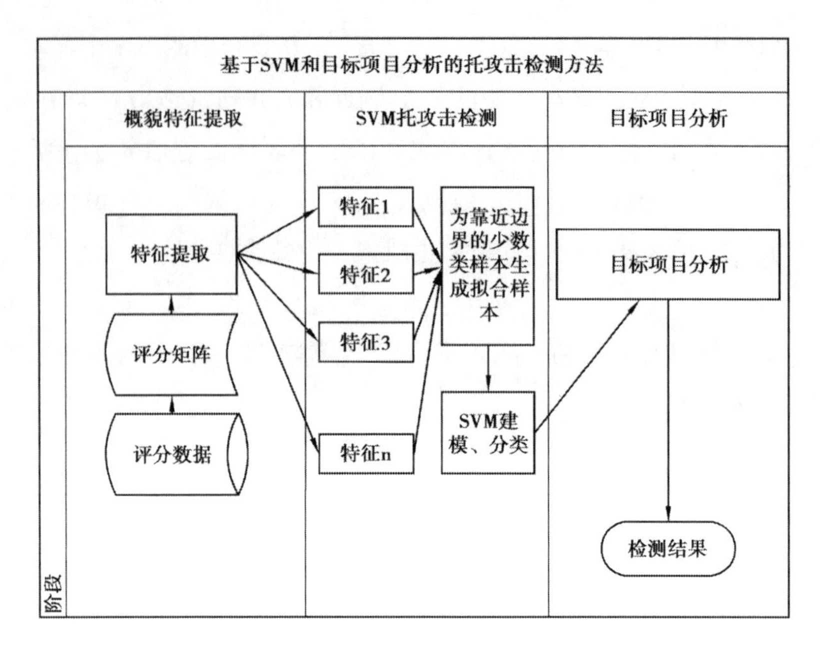

图 5.2 基于 SVM 和目标项目分析的托攻击检测方法流程

作用的大小。在托攻击检测中,决定一个概貌属于正常概貌集 P 或者是托攻击概貌集合 N 需要的信息用熵的定义可以这样计算:

$$I(p,n)=-\frac{p}{p+n}\log_2\frac{p}{p+n}-\frac{n}{p+n}\log_2\frac{n}{p+n} \tag{5.5}$$

其中 p 是 P 类元素的个数,而 n 是 N 类元素的个数。假如属性 A 可以将集合 S 分成集合$\{S_1,S_2,\cdots,S_v\}$,所需要的信息熵 $E(A)$ 可以通过公式(5.6)计算。

$$E(A)=\sum_{i=1}^{v}\frac{p_i+n_i}{p+n}I(p_i,n_i) \tag{5.6}$$

其中,p_i 是 P 类元素,n_i 是 N 类元素。那么属性 A 的信息增益 $G(a)$ 可以由公式(5.7)计算:

$$G(a)=I(p,n)-E(A) \tag{5.7}$$

信息增益值在不同条件下的是不同的。本书计算了当攻击规模是5%,攻击填充规模从1%到50%不等,目标项目 ID 随机生成,重复 50 次条件下的信息增益值的平均值。表 5.1 展示了各个属性的信息增益值。

表5.1　推攻击下各个概貌属性信息增益值

属　性	随机攻击	均值攻击	流行攻击	段攻击
DegSimK450	0.161	0.116	0.18	0.18
DegSimKCoRate963	0.161	0.177	0.101	0.213
WDA	0.233	0.229	0.234	0.246
LengthVariance	0.267	0.267	0.267	0.269
WDMA	0.248	0.238	0.248	0.229
RDMA	0.24	0.229	0.24	0.239

表5.2　核攻击下各个概貌属性信息增益值

属　性	随机攻击	均值攻击	Love/Hate 攻击
DegSimK450	0.161	0.111	0.155
DegSimKCoRate963	0.104	0.176	0.213
WDA	0.234	0.229	0.253
LengthVariance	0.267	0.267	0.267
WDMA	0.248	0.238	0.244
RDMA	0.24	0.229	0.249

从表5.2中可以看出,不管是在推攻击还是在核攻击类型中,LengthVariance概貌属性的信息增益值较高。对一个概貌,如果LengthVariance值太高的话,不太可能是正常概貌,而极有可能是程序生成的注入托攻击概貌。属性RDMA对随机攻击和流行攻击的信息增益值高,RDMA对捕捉偏离项目平均值的评分信息较有效。

实验数据集使用MovieLens 100K数据集,向评分矩阵中注入填充规模分别是5%、10%、15%和20%,攻击规模为5%的随机攻击概貌(推攻击和核攻击)时,分别计算各种概貌属性的信息增益值,实验结果如图5.3和图5.4所示。

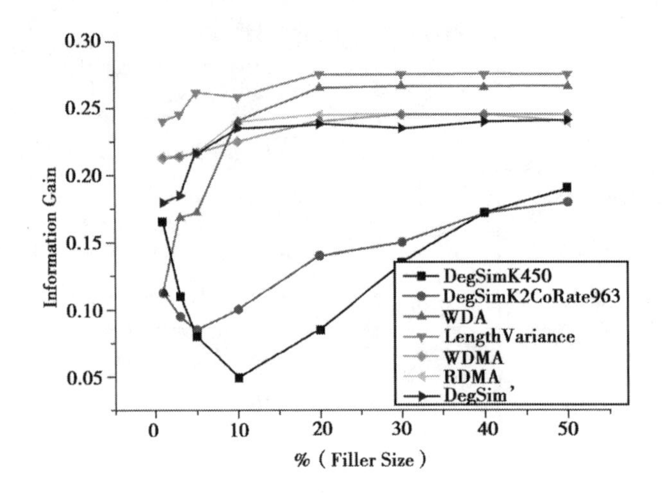

图 5.3　推攻击下个概貌属性信息增益随填充规模变化

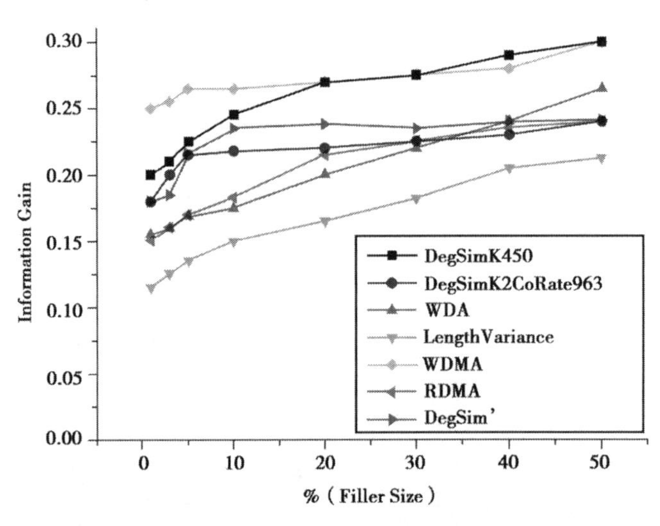

图 5.4　核攻击下个概貌属性信息增益随填充规模变化

在基于支持向量机和目标项目分析的托攻击检测算法中，选择使用 RDMA、DegSim、WDMA、WDA、LengthVar、MeanVar、FillerMeanDiff 等属性。另外算法使用了基于 DegSim 概貌属性提出的一种新的属性值 DegSim'。

5.4　实验过程与结果分析

为了验证提出的基于支持向量机和目标项目分析的托攻击检测算法,本节通过设计实验分析算法的可行性和性能。

5.4.1　实验数据与环境

(1)数据集

本章的选取的数据集是 MovieLens 的 MovieLens 100K 和 MovieLens 1M 数据集,实验前对数据预处理,只选取项目评分多于 20 的概貌评分信息,本章并未使用 MovieLens 数据集提供的全部信息,只使用了用户 ID 信息,产品 ID 信息,用户对产品的评分信息在内的信息。用户和项目以及用户对项目的评分构成了一个评分矩阵 M,其中矩阵 M 中的元素 $M(m,n)$表示用户 ID 是 m 的用户对项目 ID 是 n 的项目的评分。MovieLens 数据集评分矩阵的元素是从 1~5 的整数,0 表示未评分。

(2)实验环境

LIBSVM① 是林智仁(Lin Chih-Jen)教授[130]等开发设计的一个 SVM 模式识别与回归的软件包,其提供了可以在不同平台上使用的软件包,还提供了软件包的源代码,方便使用者对其算法改进。本书采用 LIBSVM matlab Version 3.20 版本。

本实验的软件环境为 MATLAB 2012b,硬件环境为 CPU Core i7-920 2.66 GHz,RAM 16.00 GB。

5.4.2　评价标准

(1)检测率和误判率(precision ratio)

检测率是指检测结果中被正确判别为托攻击概貌的个数与系统中真

① http://www.csie.ntu.edu.tw/-cjlin/

实托攻击概貌的个数的比值,如公式(5.8)所示。

$$R_{\text{detection}} = \frac{S_{\text{true positives}}}{S_{\text{attacks}}} \tag{5.8}$$

误判率是检测结果中被误判别为托攻击概貌的真实概貌个数与推荐系统中真实概貌的比值。

$$R_{\text{false positive}} = \frac{S_{\text{false positives}}}{S_{\text{genuines}}} \tag{5.9}$$

(2)召回率(Recall)和准确率(Precision)

准确率与召回率等分类器性能评价指标常被用来评价托攻击检测算法的性能[45]。一个托攻击检测算法对两种类型的用户概貌分类,有 4 种可能性,见表 2.2。假正包含了检测算法标注为攻击概貌但实际是真实概貌;假负是被标注为真实概貌但实际是攻击概貌;真正则包含了被检测算法正确识别的攻击概貌;真负则包含了被检测算法正确识别的真实概貌。真实用户包括真负与假正用户两部分,而攻击者则由真正与假负用户组成。召回率是检测结果中判别为真正的概貌数量与实际攻击概貌的数量之比;准确率是检测结果中判别为攻击概貌的数量与检测结果用户概貌的总数量之比。召回率与准确率分别定义公式(5.10)和公式(5.11)所示。

$$R_{\text{recall}} = \frac{S_{\text{true positives}}}{S_{\text{true positives}} + S_{\text{false negatives}}} \tag{5.10}$$

$$R_{\text{precision}} = \frac{S_{\text{true positives}}}{S_{\text{true positives}} + S_{\text{false positives}}} \tag{5.11}$$

(3)灵敏度(灵敏度)和区分度(specificity)

文献中经常用灵敏度和区分度来度量推荐系统托攻击检测性能。灵敏度和区分度是二分类器的标准度量方法。灵敏度和区分度的定义如公式(5.12)和公式(5.13)所示。

$$R_{\text{sensitivtiy}} = \frac{S_{\text{true positives}}}{S_{\text{true positives}} + S_{\text{false negatives}}} \tag{5.12}$$

$$R_{\text{specificity}} = \frac{S_{\text{ture negatives}}}{S_{\text{ture negatives}} + S_{\text{false positives}}} \tag{5.13}$$

5.4.3　基于 SVM-TIA 的托攻击检测

用户概貌组成的评分矩阵是高维数据，并且评分矩阵是稀疏矩阵，直接在评分矩阵上使用支持向量机将会导致训练时间过长，复杂度较大[131,132]。因此本书中基于支持向量机的托攻击检测算法首先要提取用户概貌属性值，然后以用户概貌属性为特征值，在这些特征值上构建分类器。托攻击检测常用的特征信息包括：DegSimK450、DegSimKCoRate963、WDA、LengthVariance、WDMA、RDMA、DegSim'等概貌属性。

5.4.4　实验结果

本节测试使用本章提出的基于目标项目分析方法 SVM-TIA 检测托攻击，研究在推攻击和核攻击意图下，训练集中填充规模和攻击规模对 SVM 分类器性能的影响，在该实验中参数设置如下：

填充规模：填充规模分别为 1%、3%、5%、7%；

攻击规模：攻击规模分别从 1%~20%不等；

攻击模型：攻击模型采用随机攻击模型、均值攻击模型、段攻击模型以及流行攻击模型。

本实验使用 MoveLens 100K 数据集，并且为了得到准确的实验结果，在相同的条件下重复 50 次实验，对实验结果求平均值。实验分别计算了在不同攻击意图（推攻击或者核攻击）下，不同攻击模型在攻击规模和填充规模不同的情况下 SVM-TIA 算法的效率。实验结果如图 5.5 和图 5.6 所示。

图 5.5 是推攻击下当攻击规模变化时不同攻击模型的检测率，4 个子图分别是填充规模为 1%、3%、5%、7%情况下不同攻击模型在攻击率变化时的检测率。从图 5.5 中可以看出，填充规模相同时，检测效率随着攻击规模的增大而提高；攻击规模相同时，检测效率随填充规模的增加而升高。

从图 5.5 的 4 个子图可以看出，使用 SVM-TIA 托攻击检测算法检测不同攻击类型的托攻击时,检测效果随填充规模和攻击规模的增加而变高。这是由于随着攻击规模的增加,数据集类不均衡问题得到一定程度的缓解,并且随着填充规模的增加,各个概貌属性提取用户概貌的信息量增加,有助于托攻击检测算法的分类。

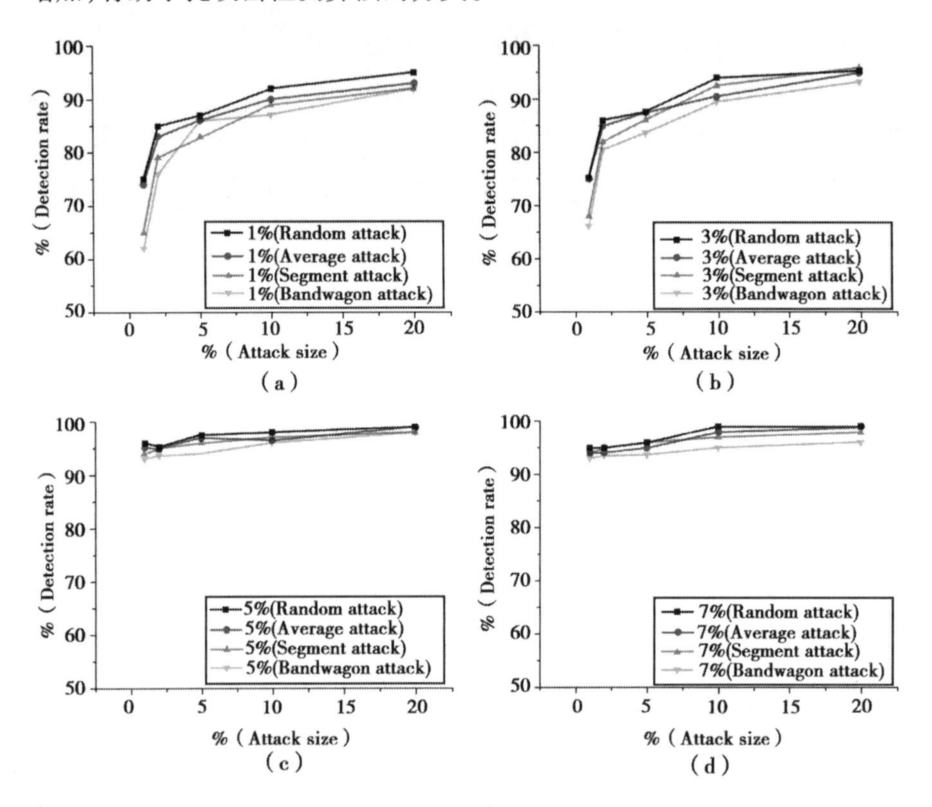

图 5.5　推攻击下当攻击规模变化时不同攻击模型的检测率

图 5.6 是推攻击下当攻击规模变化时不同攻击模型的假正率。4 个子图分别是填充规模为 1%、3%、5%、7%时不同攻击模型在攻击率变化时的假正率。从图 5.6 可以看到,当填充规模相同时,假正率随着攻击规模的增大而减小;在相同的攻击规模下,假正率随填充规模的增加而降低;从图 5.6(a)和图 5.6(b)可以看出,当填充率分别为 1%和 3%时,检测结果的假正率较高,并且随着攻击率的增加假正率呈减少趋势。当填充规模大于 5%,攻击规模大于 3%时,假正率基本为 0。

从图 5.6 的 4 个子图可以看出,使用 SVM-TIA 托攻击检测算法检测不同攻击类型的托攻击时,随着填充规模和攻击规模的增加,假正率降低。这和图 5.5 的检测结果趋势相反,说明随着攻击规模和填充规模的增加,SVM-TIA 托攻击检测算法对真实概貌和托攻击概貌的分类效果越好。

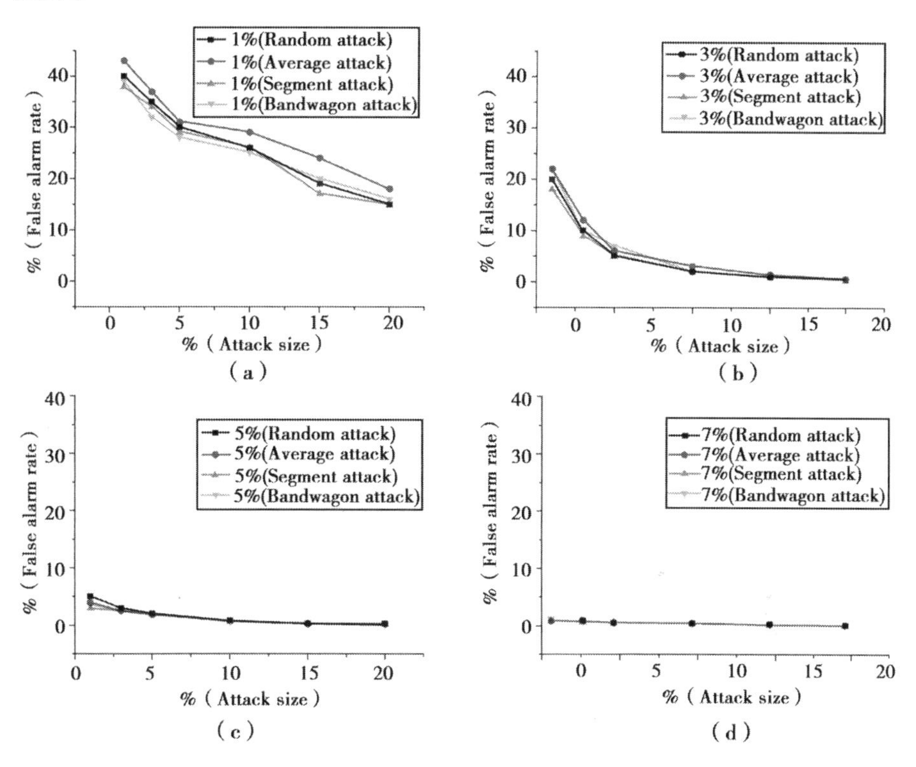

图 5.6 推攻击下当攻击规模变化时不同攻击模型的假正率

图 5.7 是核攻击下当攻击规模变化时算法对不同攻击模型的检测率,4 个子图分别是填充规模为 1%、3%、5%、7%时,不同攻击模型在攻击率变化时的检测率。从图 5.7 可以看出,在填充规模相同时,检测率随着攻击规模的增大而提高;在相同的攻击规模下,检测率随填充规模增加而升高;当填充规模大于 5%,攻击规模大于 10%时,检测率较高。对比推攻击下的检测结果,两种攻击类型在相同条件下差别不大,检测算法对核攻击意图的假正率稍微低于推攻击意图的假正率。这是因为所使用数据

集中评分为最高分或最低分的比例不同，导致检测核攻击相比推攻击时，使用基于目标项目分析方法过滤真实概貌时误判概率较低。

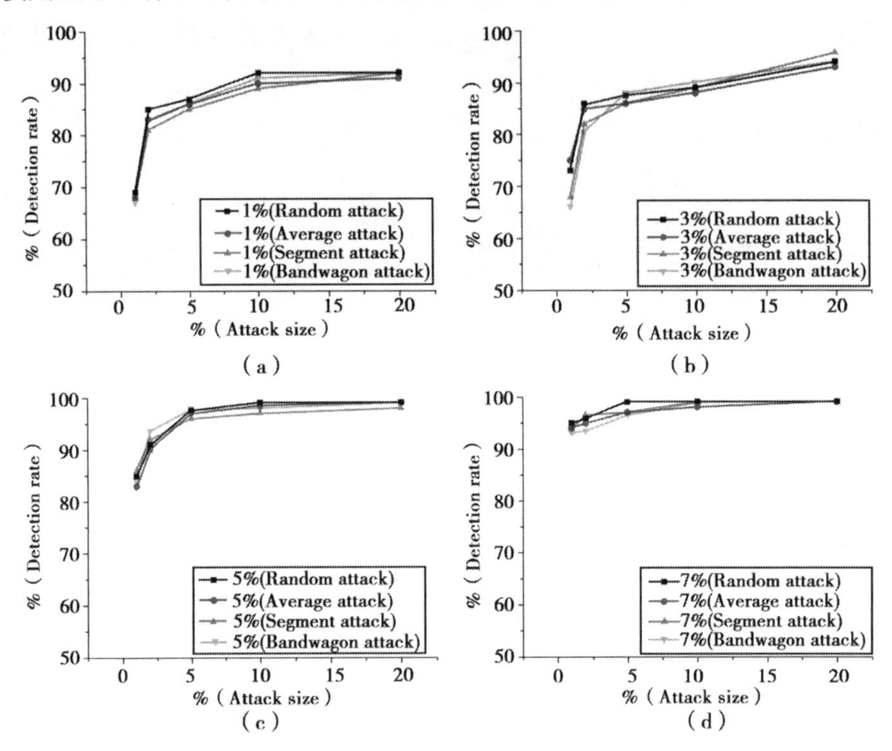

图 5.7　核攻击下当攻击规模变化时不同攻击模型的检测率

图 5.8 是核攻击时，检测结果假正率随攻击规模变化时的情况，即真实概貌被托攻击检测算法误判为托攻击概貌的数量与算法检测到的概貌的数量的比值。4 个子图分别是填充规模 1%、3%、5%、7%，攻击规模变化时不同攻击模型检测结果的假正率。

从图 5.8 可以看出，在填充规模相同时，检测结果假正率随着攻击规模的增大而减小；在相同的攻击规模下，假正率随填充规模增加而降低；当填充规模大于 5%，攻击规模大于 3%时，假正率基本为 0。对比推攻击下的检测结果，检测算法对核攻击意图的假正率稍微低于推攻击意图的检测率。

当使用基于监督学习的 SVM 托攻击检测算法时，如果托攻击概貌较

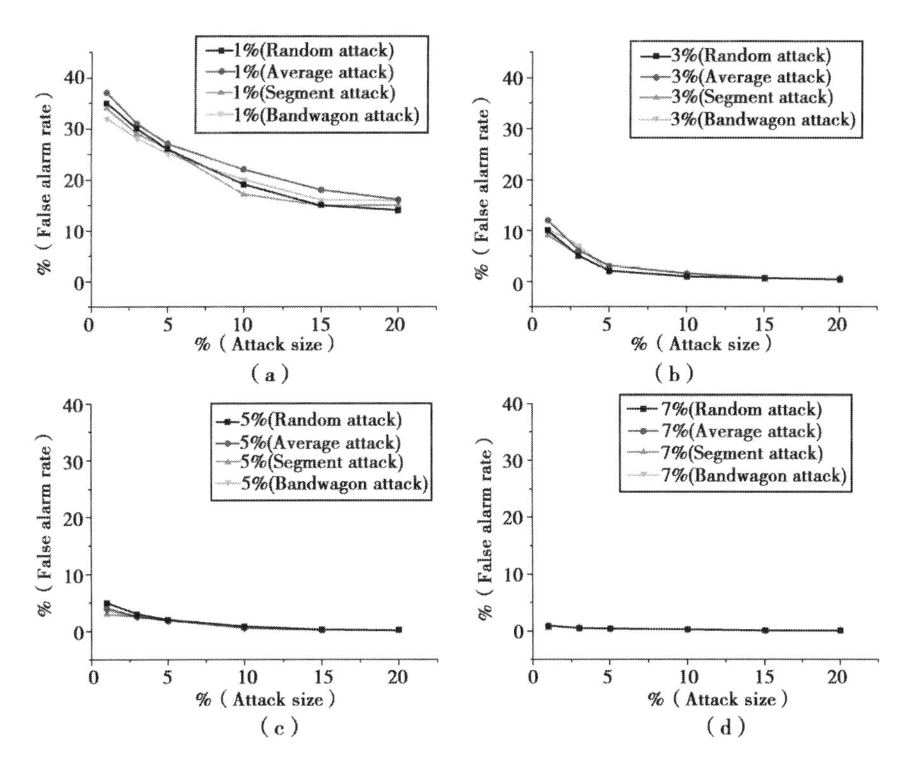

图 5.8 核攻击下当攻击规模变化时不同攻击模型的假正率

少,SVM 不能取得较好的结果,概貌误判率较高。将 SVM 检测结果利用目标项目分析的方法对误判概貌进行过滤,可以提高检测的准确率。

5.4.5 和其他方法的比较

为了更好地测试本节提出的 SVM-TIA 算法的托攻击检测效果,本节选择了基于 SVM 和粗糙集的托攻击检测算法 RSVM[71]、C4.5 算法、KNN 算法等几个传统的监督学习的托攻击检测算法作对比实验。为了确保实验结果的可信性,每组实验结果都是独立重复 50 次,并计算评价指标的平均值。在 MovieLens 00K 数据集中,注入填充规模为 3%,攻击规模分别为 1%、2%、5%、10%、20%的托攻击概貌。检测随机攻击、均值攻击、流行攻击模型下推攻击和核攻击时检测结果的召回率和准确率,检测结果见表 5.3 和表 5.4。

表 5.3　推攻击下填充规模为 3%攻击规模不同时各种托攻击检测算法比较

攻击规模			1%	2%	5%	10%	20%
随机攻击	Recall	SVM	0.512	0.685	0.724	0.86	0.91
		RSVM	0.987	0.992	0.993	0.995	0.996
		C4.5	0.98	0.985	0.99	0.994	0.997
		KNN	0.715	0.753	0.804	0.95	0.996
		SVM-TIA	0.642	0.856	0.92	0.93	0.92
	Precision	SVM	0.55	0.62	0.73	0.82	0.91
		RSVM	0.79	0.82	0.9	0.95	0.98
		C4.5	0.853	0.86	0.867	0.874	0.88
		KNN	0.972	0.973	0.972	0.97	0.978
		SVM-TIA	**0.98**	**0.991**	**0.992**	**0.994**	**0.995**
均值攻击	Recall	SVM	0.489	0.55	0.698	0.82	0.90
		RSVM	0.987	0.992	0.993	0.995	0.996
		C4.5	0.98	0.985	0.99	0.994	0.997
		KNN	0.715	0.753	0.804	0.95	0.96
		SVM-TIA	0.586	0.814	0.915	0.92	0.91
	Precision	SVM	0.532	0.602	0.715	0.806	0.889
		RSVM	0.79	0.82	0.9	0.95	0.98
		C4.5	0.853	0.86	0.867	0.874	0.88
		KNN	0.972	0.973	0.972	0.97	0.978
		SVM-TIA	**0.974**	**0.982**	**0.986**	**0.992**	**0.993**
流行攻击	Recall	SVM	0.523	0.69	0.75	0.852	0.90
		RSVM	0.984	0.991	0.992	0.992	0.995
		C4.5	0.95	0.955	0.989	0.994	0.995
		KNN	0.702	0.723	0.824	0.954	0.965
		SVM-TIA	0.684	0.884	0.93	0.92	0.91
	Precision	SVM	0.53	0.60	0.69	0.79	0.88
		RSVM	0.77	0.81	0.9	0.95	0.97
		C4.5	0.823	0.835	0.856	0.868	0.879
		KNN	0.984	0.981	0.972	0.977	0.987
		SVM-TIA	**0.985**	**0.986**	**0.991**	**0.993**	**0.995**

表 5.4　核攻击下填充规模为 3%攻击规模不同时各种托攻击检测算法比较

攻击规模			1%	2%	5%	10%	20%
随机攻击	Recall	SVM	0.522	0.676	0.753	0.884	0.931
		RSVM	0.997	0.994	0.996	0.995	0.997
		C4.5	0.972	0.975	0.991	0.993	0.994
		KNN	0.725	0.756	0.818	0.953	0.997
		SVM-TIA	0.712	0.862	0.90	0.914	0.92
	Precision	SVM	0.56	0.64	0.74	0.83	0.92
		RSVM	0.79	0.83	0.92	0.96	0.99
		C4.5	0.823	0.865	0.857	0.874	0.882
		KNN	0.968	0.971	0.974	0.981	0.983
		SVM-TIA	**0.981**	**0.992**	**0.993**	**0.995**	**0.996**
均值攻击	Recall	SVM	0.46	0.56	0.692	0.739	0.878
		RSVM	0.981	0.984	0.988	0.99	0.993
		C4.5	0.981	0.975	0.993	0.992	0.996
		KNN	0.725	0.733	0.824	0.942	0.996
		SVM-TIA	0.604	0.826	0.91	0.90	0.913
	Precision	SVM	0.51	0.62	0.72	0.81	0.91
		RSVM	0.78	0.81	0.87	0.93	0.95
		C4.5	0.833	0.839	0.847	0.846	0.858
		KNN	0.962	0.953	0.961	0.958	0.964
		SVM-TIA	**0.978**	**0.985**	**0.988**	**0.992**	**0.992**
流行攻击	Recall	SVM	0.46	0.525	0.658	0.782	0.886
		RSVM	0.988	0.993	0.994	0.993	0.996
		C4.5	0.954	0.965	0.979	0.984	0.991
		KNN	0.732	0.742	0.814	0.924	0.947
		SVM-TIA	0.718	0.816	0.906	0.91	0.93
	Precision	SVM	0.54	0.695	0.78	0.825	0.93
		RSVM	0.79	0.82	0.91	0.95	0.98
		C4.5	0.825	0.815	0.844	0.868	0.88
		KNN	0.964	0.961	0.972	0.969	0.98
		SVM-TIA	**0.978**	**0.982**	**0.991**	**0.991**	**0.995**

从表5.3中可以看出在测试的3种攻击模型中，SVM-TIA的托攻击检测结果的准确率是几种方法中最优的，并且随着攻击规模的增加其检测准确率逐渐提高，当攻击规模大于10%时，SVM-TIA算法的准确率接近100%。

从表5.3和表5.4中可以看出，随着攻击率增加，SVM-TIA算法的召回率逐渐增加。当攻击率较小时，SVM-TIA托攻击检测方法的召回率在四种托攻击检测算法中是较低的，这是由托攻击检测类不均衡问题引起的。在相同条件下，SVM-TIA算法的召回率比SVM托攻击检测算法的召回率高。这说明使用自适应人工合成样本方法Borderline-SMOTE可以帮助缓解类不均衡问题，在一定程度上提高托攻击检测算法的召回率。

5.5 本章小结

针对现有的SVM托攻击检测算法存在的缺陷以及推荐系统托攻击检测中存在的类不均衡问题，本章提出了使用自适应人工合成样本方法Borderline-SMOTE来缓解托攻击检测中的类不均衡问题。实验结果表明，所提出的算法能够提高托攻击检测中攻击率较小时检测结果的召回率，并且基于目标项目分析的托攻击检测方法可以有效提高基于支持向量机托攻击检测的准确率。

第 6 章

基于时间序列和目标项目分析的托攻击检测研究①

对推荐系统的托攻击策略和对托攻击的检测手段是相互演化的过程。在随机攻击、均值攻击、段攻击和流行攻击这几种基本攻击类型的基础上,新的攻击类型不断出现[18, 71]。因此托攻击检测算法应尽量避免预先设定攻击类型,从而提高托攻击检测算法的适用性尤为重要。同时在电子商务领域,随着商品数目、用户以及用户评分的数量的不断增加,现有的托攻击检测方法在商品数量和用户数量特别大的情况下表现得不理想。因此减少托攻击检测算法复杂度,提高商品数目、用户以及用户评分量大的条件下的托攻击检测效率是本章研究的重点。

在推荐系统中存在这样的情况,即用户在某时间段内呈现托攻击者特征,该用户可能并不是托攻击者。现有的基于评分时间序列的托攻击检测算法都从用户概貌级别,而不是在托攻击评分级别检测托攻击,因此托攻击识别精度不高。为了改进基于评分时间序列的托攻击检测算法,本章分析了基于用户的推荐系统托攻击的特点,通过时间序列的自适应自回归模型,从用户的评分时间分布与评分数据分布着手,提出一种基于

① 本章主要内容以 *Abnormal Profiles Detection Based on Time Series and Target Item Analysis for Recommender Systems* 发表在 Mathematical Problems in Engineering 学术期刊上.

时间序列的推荐系统攻击检测方法。本章在基于目标项目分析的托攻击检测框架的基础上，使用目标项目分析方法进行二次处理，消除噪声及错误分类。实验结果显示，该检测方法能够有效检测托攻击概貌评分，降低误判率，从而提高托攻击检测的质量。

6.1 问题的提出

随着推荐系统的实际运行，推荐系统中用户和项目的数量成倍增加，处理海量信息对推荐系统托攻击检测带来了巨大的挑战。随着用户和项目的数量呈指数级增长，传统的基于用户概貌特征提取的托攻击检测算法的时间和空间消耗较大，难以满足实际要求。托攻击一般是攻击者为了达到某种目的，组织大量的用户（有的用户甚至是在不知情的情况下）对某一目标项目集中评分，以达到短时间内改变该目标项目系统排名的目的的行为。托攻击是有时效性的，也就是说，用户概貌在某段时间内具有托攻击的属性，但是这段时间内的评分并不能代表这个概貌所有的评分。如果一个用户概貌被托攻击检测算法检测为托攻击概貌，现有的在用户概貌层面上的托攻击检测算法不但将托攻击评分从评分矩阵中删除，而且将大量的可能是有用的真实用户评分从评分矩阵中删除，这可能导致推荐系统整体预测偏移发生较大改变，影响推荐系统的推荐性能。

时间序列已经被应用于计算机网络阻塞分析[9, 102]。文献[103]从时间序列中寻找和数据最大不一致的噪声数据。本章分析了基于用户的推荐系统在线托攻击的特点，提出了一种基于时间序列分析的托攻击检测方法，该方法通过时间序列模型，从用户的评分时间分布与评分数据分布着手，通过计算时间窗口的样本均值和样本熵值，找出存在托攻击评分异常时间区间，然后使用本书提出的基于目标项目分析的托攻击检测框架检索出托攻击概貌。

6.2　时间序列建模

中心极限定理[133]是概率论中关于随机变量序列部分和分布渐近于正态分布的理论。中心极限定理表明,如果一个现实的量是由大量独立偶然因素的影响叠加而得,且其中每一个偶然因素的影响又是均匀地微小的话,则可以断定这个量将近似地服从正态分布。其为在大样本($n \geqslant 50$)情况下的统计推论提供了理论依据。

本节分析了基于时间序列分析的托攻击检测方法的建模过程:首先将在项目上评分的所有项目按时间戳从小到大排序,并将这些评分按照时间窗口的大小分为若干时间窗口;然后计算每个时间窗口的样本均值和样本熵,并计算每个时间窗口上的标准分(z-score);再则根据存在攻击评分的时间窗口和正常时间窗口分值的不同,找出可疑攻击评分的时间窗口,定位存在可疑攻击评分的时间区间;最后在这个区间上所有用户对项目评分组成的评分矩阵中,应用本书提出的基于目标项目分析的托攻击检测方法,检索出托攻击评分。

6.2.1　样本均值和样本熵

本小节介绍样本均值和样本熵的计算方法。在基于用户的协同攻击推荐系统评分矩阵中,假设在项目 I 样本中用户对项目 I 有 $r_{\max}$ 种评分。则项目 I 中所有的评分用 $X=\{n_i, i=1,\cdots,r_{\max}\}$ 表示,其中 n_i 表示样本中所有评分是 i 的个数。样本熵用公式(6.1)表示。

$$H(X) = -\sum_{i=1}^{r_{\max}} \left(\frac{n_i}{S}\right) \log_2\left(\frac{n_i}{S}\right) \tag{6.1}$$

同样,假设样本中第 i 个评分的值为 i,那么样本均值由公式(6.2)计算。

$$M(X) = \frac{\sum_{i=1}^{r_{\max}} n_i \times i}{S} \tag{6.2}$$

其中,$S=\sum_{i=1}^{r_{max}} n_i$ 表示样本中所有评分的个数。从公式(6.1)可以看出,$H(X)\in[0,\log_2 r_{max}]$,当样本中所有评分都相同时 $H(X)=0$,当样本中所有的评分 n_i 都相同时 $H(X)=\log_2 r_{max}$。

6.2.2 置信区间

置信区间是由样本统计量构造的总体参数的估计区间。置信区间衡量这个参数的真实值落在测量结果的附近的概率,即被测量参数测量值的可信度,也称置信水平。如果总体分布满足 $\xi \rightarrow N(\mu,\sigma^2)$ 。以下统计量满足标准正态分布。

$$Z=\frac{\overline{X}-\mu}{\sigma/\sqrt{n}} \rightarrow N(0,1) \tag{6.3}$$

对于 μ 的双置信区间有

$$P(|Z|<Z_{\frac{\alpha}{2}})=1-\alpha \tag{6.4}$$

将统计量 Z 代入上式有

$$P\left[-Z_{\frac{\alpha}{2}}<\frac{\overline{X}-\mu}{\sigma/\sqrt{n}}<Z_{\frac{\alpha}{2}}\right]=1-\alpha \tag{6.5}$$

整理后有

$$P[\overline{X}-Z_{\frac{\alpha}{2}}\sigma/\sqrt{n}<\mu<\overline{X}+Z_{\frac{\alpha}{2}}\sigma/\sqrt{n}]=1-\alpha \tag{6.6}$$

区间 $[\overline{X}-Z_{\frac{\alpha}{2}}\sigma/\sqrt{n},\overline{X}+Z_{\frac{\alpha}{2}}\sigma/\sqrt{n}]$ 为待估参数 μ、置信度为 $1-\alpha$ 的双侧置信区间。其中置信下限为 $\overline{X}-Z_{\frac{\alpha}{2}}\sigma/\sqrt{n}$;置信上限为 $\overline{X}+Z_{\frac{\alpha}{2}}\sigma/\sqrt{n}$。

6.2.3 时间序列建模

对某个项目 I,将所有在这个项目上的评分按评分时间戳排序。将连续的 k 个评分作为一个时间窗口[103],而 k 值的大小作为窗口的大小,这样在该项目上的评分被分在多个时间窗口上。然后分别按照公式(6.1)和公式(6.2)计算时间窗口的样本均值和样本熵。对于一个项目 I,可以得到两个时间序列。根据存在攻击评分的时间窗口和正常时间窗口分值的不同,定位存在可疑评分的时间区间,使用本书提出的基于目标项目分析的推荐系统托攻击检测方法,检索出托攻击评分。

6.3 基于目标项目分析和时间序列的托攻击检测框架

本节提出了一种基于目标项目分析和时间序列的托攻击检测框架,将项目评分按时间序列建模,将这个评分序列分为窗口大小为 k 的若干个窗口,计算这些窗口的两个统计量,样本均值和样本熵;然后分析样本均值和样本熵在时间序列分布,计算标准分数,找出存在异常评分信息的窗口和时间区间。最后通过目标项目分析的方法将异常评分筛选出来。本框架的重点在于确定时间序列中时间窗口的大小以及确定存在异常信息的时间区间。基于目标项目分析和时间序列的托攻击检测框架如图6.1所示。

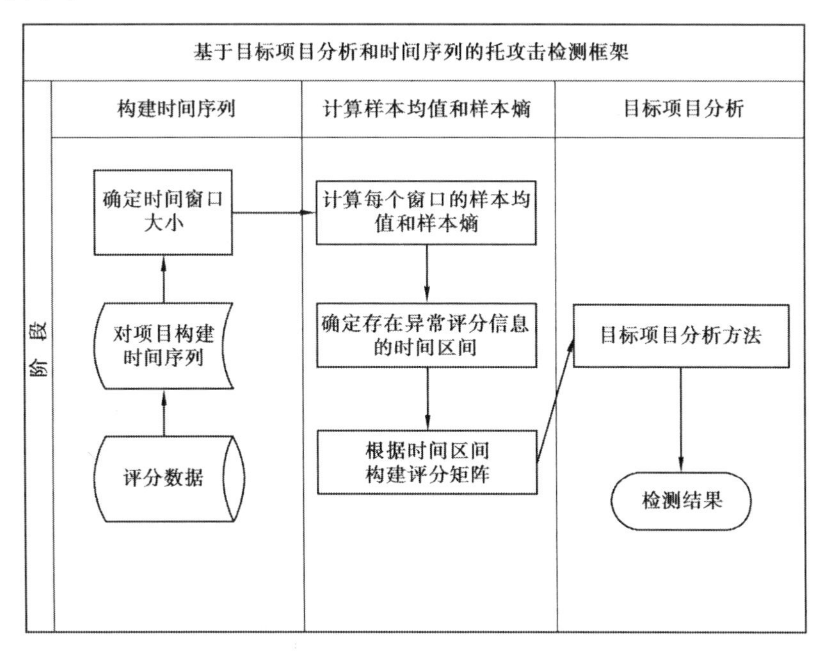

图6.1 基于目标项目分析和时间序列的托攻击检测框架

6.3.1 基于目标项目分析和时间序列的托攻击检测算法

本章提出的基于目标项目分析和时间序列的托攻击检测算法的思想是利用统计学中心极限定理及其推论,根据注入的评分信息在时间节点上的集中性以及在统计学上与真实评分分布的不同,找出托攻击评分所在的时间区间。然后构造一个这个时间区间上的评分矩阵,使用本书提出的基于目标项目分析的托攻击检测模型,检索托攻击概貌。再反过来验证托攻击评分,从而在托攻击评分级别,而不是概貌级别上识别托攻击,从而提高托攻击识别的精准度。

基于目标项目分析和时间序列的托攻击检测算法首先对项目上的评分时间序列建模,利用包含托攻击评分的时间窗口和不包含托攻击评分时间窗口的样本均值和样本熵标准分分布的不同,根据攻击规模的不同,自适应地改变时间窗口值的大小以最大化正常窗口和包含托攻击评分窗口的样本均值样本熵的分布。然后检测托攻击评分所在的时间位置,锁定可疑时间窗口,找出在这个时间段内的所有用户、项目以及项目评分组成的评分矩阵,使用本书提出的基于目标项目分析的方法过滤真实评分概貌,以达到检测托攻击概貌的目的。基于目标项目分析和时间序列的托攻击检测算法 TS-TIA 第一阶段伪代码见表 6.1。

表 6.1 TS-TIA 第一阶段伪代码

算法:TS-TIA 第一阶段,找出异常评分的时间间隔; 输入:评分矩阵 M;置信区间值 c; 输出:异常评分的时间间隔。
1:For each item i, find all ratings on item i; 2:Sort ratings on item i by time series *TS*; 3:Divide *TS* by window size; 4:Calculate sample average and sample entropy; 5:Calculate the threshold value of sample average and sample entropy by confidence interval value c;

续表

6:Find all time window that sample average and sample entropy outside the threshold value;
7:Find the time interval of ratings in abnormal windows;
8:return Time intervals of abnormal ratings.

6.3.2　时间窗口值

图 6.2 是托攻击概貌注入后,样本均值和样本熵的分布。在这个例子中,某个时间段内,向数据集中注入均值攻击模型随机生成 40 个托攻击概貌,并这顶时间窗口的大小为 50。从图 6.2 中可以看出,不管是样本均值和样本熵,包含异常评分信息的时间窗口的标准分数比不含异常评分信息的窗口的标准分数的绝对值高,且只包含正常评分信息的窗口的样本均值和样本熵的标准分都在一个较小的范围内变动。将样本均值和样本熵的标准分最大化将有助于区分含有异常评分信息的窗口与不含异常评分信息的窗口。

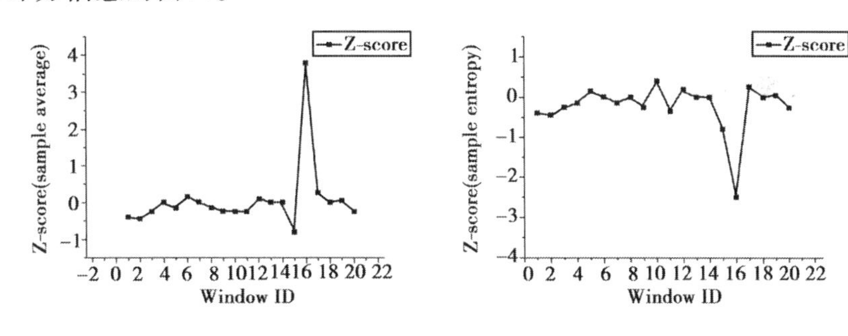

图 6.2　时间窗口的样本均值和样本熵标准分分布

6.3.3　窗口大小值的确定

在使用样本均值和样本熵检测托攻击的过程中,使包含有托攻击评分的时间窗口的样本均值和样本熵值取得最大,这样才可以最大化地区分正常时间窗口和包含托攻击评分的时间窗口。本书借鉴文献[103]中的方法计算时间窗口大小和托攻击概貌大小之间的关系。

假设在一次托攻击中,托攻击概貌的数量是 n,因此 n 个托攻击概貌对目标项目的评分个数也是 n;在构建的评分序列中,每个窗口值的大小设为 k;在某个窗口中攻击评分占窗口评分的比例为 λ。那么存在 3 种情况。

第一种情况,$n \geqslant 2k-1(k \leqslant n/2)$,那么总存在一个窗口,窗口中所有的评分都是攻击评分,那么 $\lambda=1$。

第二种情况,$n/2<k<n$,$\lambda=2-k/n-\frac{n}{4k}$。

第三种情况,$k \geqslant n$,$\lambda=\frac{3n}{4k}$。

综上所述,根据 k 值和 n 值的关系,λ 的值如公式(6.7):

$$\lambda=\begin{cases}1 & k \leqslant \frac{n}{2} \\ 2-k/n-\frac{n}{4k} & \frac{n}{2}<k<n \\ \frac{3n}{4k} & k \geqslant n\end{cases} \tag{6.7}$$

(1)**样本均值**

假设异常时间窗口为 $\tilde{w}$,窗口 $\tilde{w}$ 的样本均值标准分分值为 $Z_M(\tilde{w})$,在不失一般性的条件下,根据中心极限定理:

$$\begin{aligned}|E(Z_M(\tilde{w}))| &= \frac{E(M(\tilde{w}))-\mu}{\frac{\sigma}{k}} \\ &= \frac{(1-\lambda)\mu+\lambda r_{\max}-\mu}{\frac{\sigma}{k}} \\ &= \frac{\sqrt{k}\lambda(r_{\max}-\mu)}{\sigma}\end{aligned} \tag{6.8}$$

由公式(6.7)

第一种情况，$n \geqslant 2k-1\left(k \leqslant \frac{n}{2}\right)$，$\lambda=1$。当 $k=\frac{n}{2}$ 时取最大值为 $\sqrt{n/2}$。

第二种情况，$\frac{n}{2}<k<n$，$\lambda=2-k/n-\frac{n}{4k}$。$\sqrt{k}\lambda=2\sqrt{k}-\frac{k\sqrt{k}}{n}-\frac{n}{4\sqrt{k}}$，经过计算可知，当 $k=\frac{2+\sqrt{7}}{6}n$ 时取得最大值为 $0.794\ 4\sqrt{n}$。

第三种情况，$k \geqslant n$，$\lambda=\frac{3n}{4k}$，$\sqrt{k}\lambda=\frac{3n}{4\sqrt{k}}$，当 $k=n$ 时取得最大值为 $0.75\sqrt{n}$。

从上可知，当 $k=\frac{2+\sqrt{7}}{6}n$ 时，$|E(Z_M(\tilde{w}))|$ 可以取最大值。

(2) **样本熵**

假设异常时间窗口为 $\tilde{w}$，窗口 $\tilde{w}$ 的样本熵标准分分值为 $Z_H(\tilde{w})$，当 $k=\frac{2+\sqrt{7}}{6}n$ 时，$|E(Z_M(\tilde{w}))|$ 取最大值。

6.3.4　自适应时间窗口值

假设当攻击规模固定时，计算出最佳的时间窗口的大小，从而检测到由攻击概貌评分引起的评分分布的变化。但是在实际的托攻击检测中，攻击模型和攻击规模对托攻击检测者来说是未知的。

本书参考文献[103]中的方法，提出一种当攻击规模未知时估算时间窗口大小的方法。首先，为窗口大小设置一个默认值，计算样本均值（或者样本熵），然后构建一个项目评分的时间序列。这个时间窗口可以设置为在评分矩阵中能引起一定预测偏移量的攻击规模的最小值。正如在本书第 3 章中分析的那样，将这个默认值设置为 20。因为时间窗口大小默认值设置的足够小，那么有几个窗口的评分分布会被托攻击评分干扰，在正常窗口中会检测到异常评分，所有的异常评分不一定会在一个连续的窗口中。因此将攻击规模估算为检测到的连续的异常窗口数乘以默认的时间窗口值。然后将时间窗口值修改为$(2+\sqrt{7})/6$乘以之前的窗口值大小。重复以上的过程直到检测不到连续的异常窗口,算法伪代码见表6.2。

表6.2 确定自适应窗口值大小伪代码

算法:refineWindowSize; 输入:对项目集合I的评分;评分时间戳;默认窗口大小$k=20$; 输出:refined window size $\overline{\omega}$。
1:Default window size is chosen and a time series for sample average (sample entropy) is onstructed for the Item I; 2:Find all spikes (with the same direction); 3:Find the largest number of consecutive spikes φ; 4: if $\varphi \geqslant 2$. Set $k=\varphi(2+\sqrt{7})k/6$; 5: repeat Pocess 1-5; 6:return $\overline{\omega}=k$

6.4 实验过程与结果分析

为了验证提出的基于时间序列和目标项目分析的托攻击检测算法的有效性,本节通过设计实验分析算法的性能。

6.4.1 实验数据与环境

MovieLens采集了一组从20世纪90年代末到21世纪初的电影评分数据。这些数据中包括电影评分、电影元数据(风格类型和年代)以及关于用户的人口统计学数据(年龄、邮编、性别和职业等)。MovieLens 1M数据集含有来自6 000名用户对4 000部电影的100万条评分数据。MovieLens 10M数据集含有来自72 000名用户对10 000部电影的1 000

万条评分数据。MovieLens 数据集主要包括如下信息:用户 ID 信息,产品 ID 信息,用户对产品的评分 Rating 信息,以及一些其他信息。本章的选取的数据集是 MovieLens 1M 和 MovieLens 10M 数据集,实验前对数据进行了预处理,只选取了在项目上评分多于 200 的项目评分信息,本章使用了 MovieLens 数据集的用户 ID 信息,产品 ID 信息,用户对产品的评分信息等以及评分的时间戳信息。

本实验的软件环境为 MATLAB 2012b,硬件环境为 CPU Core i7-920 2.66GHz,RAM 16.00 GB。

6.4.2　评价标准

为了验证提出的基于目标项目分析和时间序列的托攻击检测算法的有效性,本节通过设计实验验证所提出算法的性能。本章使用的评价指标有检测率、假正率等。检测率是指被托攻击检测算法检测为托攻击概貌被检测到的个数与系统中真实托攻击概貌个数的比值,如公式(6.9)所示:

$$R_{\text{detection}} = \frac{S_{\text{true positives}}}{S_{\text{attacks}}} \tag{6.9}$$

在托攻击检测中,误判率是指真实概貌被托攻击检测算法误判为托攻击概貌个数与推荐系统中真实概貌个数的比值。

$$R_{\text{false positive}} = \frac{S_{\text{false positives}}}{S_{\text{genuines}}} \tag{6.10}$$

6.4.3　实验结果

本小节设计了两组实验,分别用于检验当假设已知攻击规模时使用基于目标项目分析和时间序列的托攻击检测框架检测效果,以及攻击规模未知时使用基于目标项目分析和时间序列的托攻击检测框架检测效果。

为了检测使用构建时间序列的方法检测托攻击概貌的效率,本实验使用 MovieLens 1M 数据集,随机选取了 10 组该项目上评分超过 200 的项目。并将这 10 个项目作为目标项目,分别注入攻击规模为不同的均值攻击概貌,并使用基于目标项目分析和时间序列的托攻击检测方法检测托攻击。当在均值攻击模型下,填充规模为 3%,攻击规模不同时,置信空间不同时攻击评分落在疑似窗口中的比例随攻击量变化的曲线图如图 6.3所示。

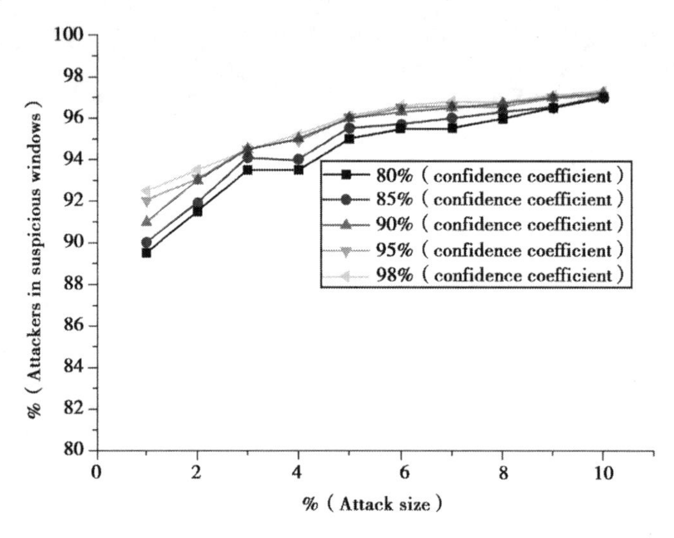

图 6.3 置信空间不同时攻击评分落在疑似窗口中的比例

文献[103]提出了一种当托攻击规模未知时,一种自适应改变时间窗口大小的方法,为了检测使用构建时间序列的方法检测托攻击概貌大小未知时的效率,本实验使用 MovieLens 1M 数据集,随机选取了 10 组该项目上评分超过 200 的项目。并将这 10 个项目作为目标项目,分别注入攻击规模为 30、50、70 等均值攻击概貌,使用提出的算法(样本熵)和基于目标项目分析和时间序列的托攻击检测框架检测托攻击概貌。测试了当填充率不同时,使用 TS-TIA 算法托攻击检测时的检测率;以及在填充率为 3%,攻击率不同时与其他算法假正率的比较。

图 6.4 是当攻击数目变化时的检测率和假正率。从图 6.4 可以看出,随着攻击数量的增加,检测率随着攻击数量的增加而提高。TS-TIA 算法的假正率随攻击率的增加逐渐减少。使用样本熵的检测效率要高于样本

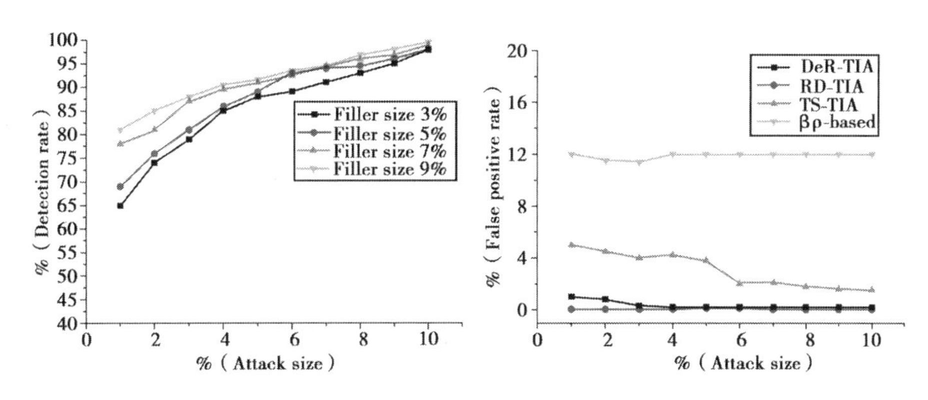

图 6.4　当攻击数量变化时 TS-TIA 算法的检测率和假正率

均值的检测效率。在假正率方面,对 TS-TIA 的假正率要低于 βp-based 算法的假正率,高于本书提出的 DeR-TIA 和 RD-TIA 算法的假正率。

表 6.3 比较了 TS-TIA 方法和文献[103]中的方法的检测结果。从表 6.3 可以看出,TS-TIA 算法的假正率要比文献[103]中的方法的假正率低。

表 6.3　当攻击数量变化时 TS-TIA 算法的检测率和假正率

		检测率	假正率
文献[103]中的方法	固定窗口	97.60%	0.42%
	非固定窗口	97.48%	0.36%
TS-TIA	固定窗口	97.28%	0.20%
	非固定窗口	97.40%	0.24%

6.4.4　和其他算法的比较

为了检测不同数据集时托攻击检测的时间成本,设计了如下实验。实验分别用本书提出的 RD-TIA 方法、DeR-TIA 方法、TS-TIA 算法以及文献[90]中的 βp-based 的托攻击检测方法做对比。在填充率 3%,攻击率 3%的条件下各种算法的时间消耗如图 6.5 所示。

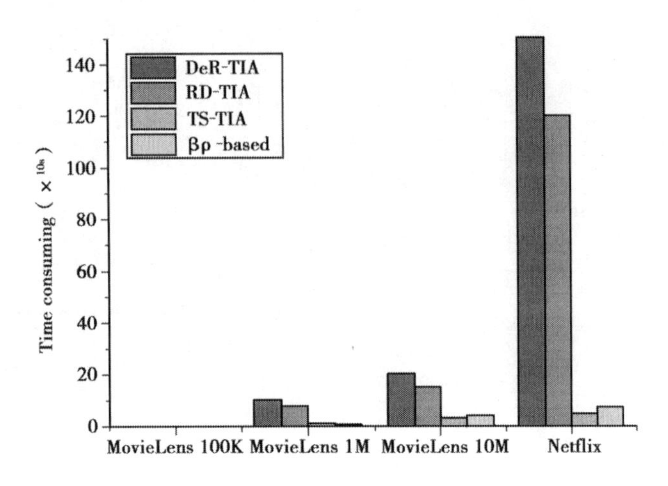

图 6.5　几种托攻击算法时间消耗对比

图 6.5 是在攻击规模 3%，填充规模 3%的条件下，在 MovieLens 和 Netflix 数据集下 4 种托攻击检测算法的时间消耗比较。数据集从小到大分别是 MovieLens 100K、MovieLens 1M、MovieLens 10M（子集）以及 Netflix 数据集（子集）。从图 6.5 可以看出，当实验数据集变大时，各种算法的时间消耗也在增加；在同一个数据集下，De-TIA 算法的时间消耗最大，RD-TIA 和 βp-based 方法次之，本章提出的 TS-TIA 算法时间消耗最小，并且随着数据集用户数和项目数的增加，托攻击检测算法的时间消耗增加不大。基于目标项目分析的方法的不足之处在于，文献[103]中的方法可检测 Jester① 数据集中的托攻击，由于 Jester 数据集不是稀疏数据矩阵，不能使用基于目标项目分析的方法。

基于目标项目分析和时间序列的托攻击检测算法适用当评分项目较多的情况，对时间集中、数量大的托攻击检测效果较好；但是对评分数量少或者托攻击数量较少的数据集检测效果不好；并且对于托攻击评分时间不集中的攻击类型检测效果也不明显。

① http://grouplens.org/datasets/jester/

6.5　本章小结

本章提出了一种基于目标项目分析和时间序列的托攻击检测算法。该算法利用注入的评分信息在时间节点上的集中性以及在统计学上与真实评分分布的不同,首先对项目上的评分按时间戳对时间序列建模,然后利用包含托攻击评分的时间窗口和不包含托攻击评分时间窗口的样本均值和样本熵标准分分布的不同,根据攻击规模的不同,自适应地改变时间窗口值的大小以最大化正常窗口和包含托攻击评分窗口的样本均值样本熵的分布。实验表明,基于目标项目分析和时间序列的托攻击检测算法能有效提高托攻击的假正率,并且随着推荐系统用户和项目的增加,算法仍有较好的执行效率。

第 7 章 结论与展望

推荐系统作为一种信息过滤工具,可有效缓解信息过载问题。然而,托攻击通过操纵商品在推荐系统中的排名,使推荐系统向用户推荐被操纵的商品或信息,严重干扰了推荐系统的正常运行,阻碍推荐系统的应用和推广。推荐系统中托攻击检测技术已成为推荐系统研究领域的热点,该研究具有重要的理论价值与广阔的应用前景。现有的推荐系统托攻击检测方法存在一定的局限性,如概貌属性提取方法不能有效描述未知类型的托攻击用户概貌,存在诸如无法胜任未知攻击或检测效果较低等缺陷和不足;基于监督学习检测方法的检测结果中误报率较高,而基于无监督学习的检测算法需要一定的先验知识,先验知识的准确与否通常是决定检测性能好坏的关键。本书研究和探索了推荐系统托攻击特征提取方法和基于群体特点的检测方法,旨在建立一个具有一定适用范围和较高检测精度的推荐系统托攻击检测框架。

7.1　主要结论

为了取得较好的攻击结果,恶意用户对推荐系统攻击往往是多个概貌注入的群体行为,而已有的托攻击检测算法没有充分考虑托攻击行为的群体性特征。本书提出了一个基于目标项目分析的托攻击检测框架,并在此框架下提出了3类托攻击检测算法,并通过实验,验证了它们的有效性和可行性。本书取得的一些研究成果总结如下所述。

①通过分析推荐系统托攻击行为群体性和时效性的特点,提出一种基于目标项目分析的托攻击检测框架。框架的思想首先是通过寻找具有托攻击嫌疑的疑似用户概貌集合,然后构建由这些疑似用户概貌组成的评分矩阵,通过目标项目分析方法,分析得到托攻击类型,进而找出被攻击项目,最后通过对目标项目的评分和攻击类型检索得到托攻击概貌。

②在基于目标项目分析的托攻击检测框架的基础上提出两种基于目标项目分析和概貌属性提取的托攻击检测方法RD-TIA和DeR-TIA。RD-TIA算法首先提取用户概貌的DegSim和RDMA概貌属性,使用统计学的方法,将最可能是托攻击概貌的用户分离出来;然后通过目标项目分析的托攻击检测模型检索托攻击概貌。RD-TIA算法主要用来检测攻击类型是均值攻击模型和随机攻击模型的托攻击。DeR-TIA算法在DegSim的基础上提出了一个新的概貌属性DegSim',该属性将概貌的DegSim属性值映射到一个区间内,使托攻击用户概貌的DegSim'值高于正常用户概貌的DegSim'值,从而解决了RD-TIA算法中只局限于检测随机攻击模型和均值攻击模型,不能检测更复杂的攻击模型的问题。

③提出了一种基于监督学习和目标项目分析的推荐系统托攻击检测方法。针对无监督算法需要先验知识过多的问题,本书探索使用监督学习的方式检测托攻击,该方法通过引入支持向量机和K-最近邻法,针对托攻击检测类不均衡问题以及现有的基于SVM的托攻击检测算法存在

的缺陷,提出了使用自适应人工合成样本方法 Borderline-SMOTE 缓解类不均衡问题。实验结果表明本书提出的托攻击检测算法在一定程度上提高了检测结果的准确率。

④提出了基于目标项目分析和时间序列的托攻击检测算法。该算法将项目评分按照时间戳排序,并将评分序列分成若干个时间区间,通过统计分析得到注入的评分信息在时间节点上的集中性特点以及与真实评分信息在分布的不同。利用包含托攻击评分的时间窗口和不包含托攻击评分时间窗口的样本均值和样本熵标准分分布的差异,并随攻击规模的大小自适应地改变时间窗口值的大小以最大化正常窗口和包含托攻击评分窗口的样本均值样本熵。通过计算该区间的样本均值和样本熵,找出异常的评分区间,并在异常评分区间中应用基于目标项目分析的托攻击检测模型,检测托攻击评分所在的时间位置,锁定可疑时间窗口。然后找出在这个时间段内的用户、项目以及项目评分组成的评分矩阵,使用本书提出的基于目标项目分析的方法过滤真实评分概貌,以达到检测托攻击的目的。本算法在托攻击评分集中分布时检测效果最明显,并且随着推荐系统用户和项目的增加,算法仍具有较好的执行效率。

7.2 后续工作展望

本书主要研究了推荐系统中的托攻击检测方法,利用推荐系统用户—评分矩阵稀疏性的特点,结合托攻击行为的群体性特征,提出了基于目标项目分析的托攻击检测框架,并在此基础上分别提出了 3 类改进的托攻击检测算法,从而在一定程度上提高了推荐系统的抗托攻击能力。本书研究取得了一定的成果,但是仍存在一些需要在今后的研究中解决的问题,具体体现在下述几个方面。

(1)基于目标项目分析的托攻击检测方法有待改进

基于目标项目分析的托攻击检测方法不能有效检测非稀疏评分矩

阵,并且该方法只能识别托攻击概貌中评分是最高分或最低分的托攻击概貌。

(2)**应提出算法复杂度较低、信息量大的用户概貌属性**

当用户概貌填充率较低时,概貌属性提取技术不能有效提取用户概貌属性值,导致检测算法效率较低,且概貌提取技术的算法复杂度较高,造成在用户数和项目数较大时检测的时间成本消耗过大。

推荐系统托攻击检测是一个新兴的研究领域,目前已取得了一定的研究成果,但是在实际系统中托攻击类型不断演化,攻击手段层出不穷,因而对推荐系统托攻击检测研究有新的要求,下一步的研究方向主要有:

(1)**概貌属性提取相关技术研究**

目前大部分推荐系统托攻击检测技术大都先提取用户概貌属性,然后再通过机器学习的方法检测托攻击概貌。不同的概貌属性从不同的角度反映用户概貌属性,选择合适的用户概貌属性有助于提高托攻击检测算法的精准度,因此,寻找适合检测托攻击的用户概貌属性是一个值得探讨的研究方向。

(2)**类不均衡问题的研究**

真实环境中虚假用户的数量一般小于正常用户的数量,所以基于监督学习的托攻击检测算法存在着共同的问题,即类不均衡问题,如何处理好基于监督学习的托攻击检测中类不均衡问题是提高托攻击检测准确性的一个可以考虑的研究方向。

(3)**用户评分级别的托攻击检测研究**

托攻击检测算法不能只通过找出用户真实概貌和托攻击概貌区别上,而是要从多个角度看待托攻击,如正常用户可能只在某一段时间内具有托攻击的性质,而在整体上不呈现恶意用户的托攻击性质,因此从用户评分的量级而不是用户概貌量级上寻找托攻击评分是托攻击检测的一个研究方向。

参考文献

[1] 刘建国, 周涛, 汪秉宏. 个性化推荐系统的研究进展[J]. 自然科学进展, 2009(1):1-15.

[2] 周佳庆, 吴羽, 江锦华, 等. 实时垂直搜索引擎对象缓存优化策略[J]. 浙江大学学报:工学版, 2011(1):14-19.

[3] Jerath Kinshuk, Ma Liye, Park Young-Hoon. Consumer click behavior at a search engine: The role of keyword popularity[J]. Journal of Marketing Research, 2014, 51(4):480-486.

[4] Zhou Wei, Koh Yun Sing, Wen Junhao, et al. Detection of abnormal profiles on group attacks in recommender systems[C]. Proceedings of the 37th International ACM SIGIR Conference on Research and Development in Information Retrieval, SIGIR 2014, July 6, 2014-July 11, 2014, Gold Coast, QLD, Australia, 2014:955-958.

[5] Zhang Fuzhi, Zhou Quanqiang. Ensemble detection model for profile injection attacks in collaborative recommender systems based on BP neural network[J]. IET Information Security, 2014, 9(1):24-31.

[6] Jindal Nitin, Liu Bing. Review spam detection[C]. Proceedings of the

16th International Conference on the World Wide Web, 2007: 1189-1190.

[7] Hurley Neil J. Robustness of recommender systems[C]. Proceedings of the 5th ACM Conference on Recommender Systems, RecSys 2011, October 23, 2011-October 27, 2011, Chicago, IL, United States, 2011:9-10.

[8] Burke Robin, O'Mahony Michael P, Hurley Neil J. Robust collaborative recommendation [M]. Recommender Systems Handbook, Springer, 2011: 805-835.

[9] Lathia Neal, Hailes Stephen, Capra Licia. Temporal defenses for robust recommendations[C]. Proceedings of the International ECML/PKDD Workshop on Privacy and Security Issues in Data Mining and Machine Learning, PSDML 2010, September 24, 2010-September 24, 2010, Barcelona, Spain, 2011:64-77.

[10] O'Donovan John, Smyth Barry. Is trust robust: an analysis of trust-based recommendation [C]. Proceedings of the 11th International Conference on Intelligent User Interfaces, 2006:101-108.

[11] 任磊. 推荐系统关键技术研究 [D].上海:华东师范大学, 2012.

[12] Resnick Paul, Iacovou Neophytos, Suchak Mitesh, et al. GroupLens: An open architecture for collaborative filtering of netnews [C]. Proceedings of the ACM 1994 Conference on Computer Supported Cooperative Work, Oct 22-26 1994, Chapel Hill, NC, United States, 1994:175-175.

[13] Resnick P., Varian H. R. Recommender systems[J]. Communications of the Acm, 1997, 40(3):56-58.

[14] Linden Greg, Smith Brent, York Jeremy. Amazon.com Recommendations: Item-to-item collaborative filtering[J]. IEEE Distributed Systems Online, 2003, 4(1).

[15] Huang Sheng, Shang Mingsheng, Cai Shimin. A hybrid decision approach to detect profile injection attacks in collaborative recommender systems[C]. Proceedings of the 20th International Symposium on Methodologies for Intelligent Systems, ISMIS 2012, December 4, 2012-December 7, 2012, Macau, China, 2012:377-386.

[16] Jia Dongyan, Zhang Fuzhi, Liu Sai. A robust collaborative filtering recommendation algorithm based on multidimensional trust model[J]. Journal of Software, 2013, 8(1):11-18.

[17] Zhang Xiang-Liang, Lee Tak Man Desmond, Pitsilis Georgios. Securing recommender systems against shilling attacks using social-based clustering[J]. Journal of Computer Science and Technology, 2013, 28(4):616-624.

[18] Lam Shyong K., Riedl John. Shilling recommender systems for fun and profit[C]. Proceedings of the 13th International Conference on the World Wide Web, WWW2004, May 17, 2004-May 22, 2004, New York, NY, United States, 2004:393-402.

[19] Chirita Paul-Alexandru, Nejdl Wolfgang, Zamfir Cristian. Preventing shilling attacks in online recommender systems[C]. Proceedings of the 7th ACM International Workshop on Web Information and Data Management, WIDM 2005, Held in Conjunction with the International Conference on Information and Knowledge Management, CIKM 2005, November 5, 2005-November 5, 2005, Bremen, Germany, 2005:67-74.

[20] Su Xue-Feng, Zeng Hua-Jun, Chen Zheng. Finding group shilling in recommendation system[C]. Proceedings of the 14th International Conference on the World Wide Web, WWW2005, May 10, 2005-May 14, 2005, Chiba, Japan, 2005:960-961.

[21] Mobasher Bamshad, Burke Robin, Sandvig J. J. Model-based

collaborative filtering as a defense against profile injection attacks[C]. Proceedings of the 21st International Conference on Artificial Intelligence and the 18th Innovative Applications of Artificial Intelligence Conference, AAAI-06/IAAI-06, July 16, 2006-July 20, 2006, Boston, MA, United States, 2006:1388-1393.

[22] Sandvig J. J., Mobasher Bamshad, Burke Robin. Impact of relevance measures on the robustness and accuracy of collaborative filtering[C]. Proceedings of the 8th International Conference on E-Commerce and Web Technologies, EC-Web 2007, September 3, 2007-September 7, 2007, Regensburg, Germany, 2007:99-108.

[23] Lee C. H., Kim Y. H., Rhee P. K. Web personalization expert with combining collaborative filtering and association rule mining technique [J]. Expert Systems with Applications, 2001, 21(3):131-137.

[24] Williams Chad, Mobasher Bamshad. Profile injection attack detection for securing collaborative recommender systems[J]. DePaul University CTI Technical Report, 2006:1-47.

[25] Cheng Zunping, Hurley Neil. Analysis of robustness in trust-based recommender systems [C]. Proceedings of the Adaptivity, Personalization and Fusion of Heterogeneous Information, 2010: 114-121.

[26] 张富国，徐升华. 推荐系统安全问题及技术研究综述[J]. 计算机应用研究，2008(3):656-659.

[27] Herlocker J. L., Konstan J. A., Terveen K., et al. Evaluating collaborative filtering recommender systems[J]. Acm Transactions on Information Systems, 2004, 22(1):5-53.

[28] Burke R. Hybrid recommender systems: Survey and experiments[J]. User Modeling and User-Adapted Interaction, 2002, 12(4):331-370.

[29] Adomavicius Gediminas, Tuzhilin Alexander. Toward the next generation

of recommender systems: A survey of the state-of-the-art and possible extensions[J]. IEEE Transactions on Knowledge and Data Engineering, 2005, 17(6):734-749.

[30] Perugini Saverioz, Ramakrishnan Naren. Personalizing web sites with mixed-initiative interaction[J]. IT Professional, 2003, 5(2):9-15.

[31] Carrer-Neto Walter, Hernandez-Alcaraz Maria Luisa, Valencia-Garcia Rafael, et al. Social knowledge-based recommender system. Application to the movies domain[J]. Expert Systems with Applications, 2012, 39(12):10990-11000.

[32] Cheng Zunping, Hurley Neil. Effective diverse and obfuscated attacks on model-based recommender systems[C]. Proceedings of the 3rd ACM Conference on Recommender Systems, RecSys'09, October 23, 2009-October 25, 2009, New York, NY, United States, 2009: 141-148.

[33] Gunes Ihsan, Bilge Alper, Polat Huseyin. Shilling attacks against memory-based privacy-preserving recommendation algorithms[J]. KSII Transactions on Internet and Information Systems, 2013, 7(5): 1272-1290.

[34] 高旻, 江峰, 吴中福. 结合信任和项目的抗攻击协同过滤算法[J]. 重庆大学学报, 2011(5):135-142.

[35] Sandvig Jeff J, Mobasher Bamshad, Burke Robin D. A Survey of Collaborative Recommendation and the Robustness of Model-Based Algorithms[J]. IEEE Data Eng Bull, 2008, 31(2):3-13.

[36] Sarwar Badrul, Karypis George, Konstan Joseph, et al. Item-based collaborative filtering recommendation algorithms[C]. Proceedings of the 10th International Conference on World Wide Web, 2001:285-295.

[37] 邓爱林. 电子商务推荐系统关键技术研究[D]. 上海: 复旦大学, 2003.

[38] Sarwar Badrul M., Karypis George, Konstan Joseph A., et al. Item-based collaborative filtering recommendation algorithms [M]. 2001: 285-295.

[39] Deshpande M., Karypis G. Item-based top-N recommendation algorithms [J]. Acm Transactions on Information Systems, 2004, 22(1):143-177.

[40] 伍之昂,王有权,曹杰. 推荐系统托攻击模型与检测技术[J]. 科学通报, 2014(7):551-560.

[41] 冷亚军,陆青,梁昌勇. 协同过滤推荐技术综述[J]. 模式识别与人工智能, 2014(8):720-734.

[42] Zhang Zhuo, Kulkarni Sanjeev R. Detection of shilling attacks in recommender systems via spectral clustering[C]. Proceedings of the 17th International Conference on Information Fusion, FUSION 2014, July 7, 2014-July 10, 2014, Salamanca, Spain, 2014:IBM; Indra.

[43] Wang Xingheng, Cao Jun, Liu Yao, et al. Text clustering based on the improved TFIDF by the iterative algorithm[C]. Proceedings of the 2012 IEEE Symposium on Electrical and Electronics Engineering, EEESYM 2012, June 24, 2012-June 27, 2012, Kuala Lumpur, Malaysia, 2012: 140-143.

[44] Mobasher Bamshad, Burke Robin, Bhaumik Runa, et al. Attacks and remedies in collaborative recommendation[J]. IEEE Intelligent Systems, 2007, 22(3):56-63.

[45] 张付志,刘赛,李忠华,等. 融合用户评论和环境信息的协同过滤推荐算法[J]. 小型微型计算机系统, 2014(2):228-232.

[46] 周全强,张付志. 基于仿生模式识别的用户概貌攻击集成检测方法[J]. 计算机研究与发展, 2014(4):789-801.

[47] Bhaumik Runa, Williams Chad, Mobasher Bamshad, et al. Securing collaborative filtering against malicious attacks through anomaly detection[C]. Proceedings of the 2006 AAAI Workshop, July 16,

2006-July 20, 2006, Boston, MA, United States, 2006:50-59.

[48] O'Mahony Michael P., Hurley Neil J., Silvestre Guenole C. M. Detecting noise in recommender system databases[C]. Proceedings of the IUI 06-2006 International Conference on Intelligent User Interfaces, January 29, 2005-February 1, 2005, Sydney, Australia, 2006: 109-115.

[49] Burke Robin, Mobasher Bamshad, Williams Chad, et al. Classification features for attack detection in collaborative recommender systems[C]. Proceedings of the KDD 2006: 12th ACM SIGKDD International Conference on Knowledge Discovery and Data Mining, August 20, 2006-August 23, 2006, Philadelphia, PA, United States, 2006: 542-547.

[50] O'Mahony Michael, Hurley Neil, Kushmerick Nicholas, et al. Collaborative recommendation: A robustness analysis[J]. ACM Transactions on Internet Technology, 2004, 4(4):344-377.

[51] 李聪. 协同过滤推荐系统托攻击防御技术研究 [D].北京:国防科学技术大学, 2012.

[52] 张强, 骆源, 翁楚良, 等. 安全推荐系统中基于信任的检测模型[J]. 微计算机信息, 2010(3):63,68-70.

[53] Mobasher Bamshad, Burke Robin, Williams Chad, et al. Analysis and detection of segment-focused attacks against collaborative recommendation [C]. Proceedings of the 7th International Workshop on Knowledge Discovery on the Web, WebKDD 2005, August 21, 2005-August 21, 2005, Chicago, IL, United States, 2006:96-118.

[54] 周全强. 面向协同过滤的推荐攻击特征提取及集成检测方法研究[D].秦皇岛:燕山大学, 2013.

[55] O'Mahony Michael P, Hurley Neil J, Silvestre Guénolé CM. Recommender systems: Attack types and strategies[C]. Proceedings of

the AAAI, 2005:334-339.

[56] Mobasher Bamshad, Burke Robin, Bhaumik Runa, et al. Attacks and remedies in collaborative recommendation [J]. Intelligent Systems, IEEE, 2007, 22(3):56-63.

[57] Burke Robin, Mobasher Bamshad, Zabicki Roman, et al. Identifying attack models for secure recommendation [C]. Proceedings of the Beyond Personalization: A Workshop on the Next Generation of Recommender Systems, 2005.

[58] Burke Robin, Mobasher Bamshad, Bhaumik Runa, et al. Segment-based injection attacks against collaborative filtering recommender systems[C]. Proceedings of the 5th IEEE International Conference on Data Mining, ICDM 2005, November 27, 2005-November 30, 2005, Houston, TX, United States, 2005:577-580.

[59] Lemire Daniel, Maclachlan Anna. Slope One Predictors for Online Rating-Based Collaborative Filtering [M]. 2005.

[60] Hurley Neil, Cheng Zunping, Zhang Mi. Statistical attack detection [C]. Proceedings of the 3rd ACM Conference on Recommender Systems, RecSys' 09, October 23, 2009-October 25, 2009, New York, NY, United States, 2009:149-156.

[61] Zhou Wei, Wen Junhao, Gao Min, et al. Abnormal Profiles Detection Based on Time Series and Target Item Analysis for Recommender Systems[J]. Mathematical Problems in Engineering, 2015.

[62] Gao Min, Ling Bin, Yuan Quan, et al. A Robust collaborative filtering approach based on user relationships for recommendation systems[J]. Mathematical Problems in Engineering, 2014.

[63] Zheng Nan, Li Qiudan. A recommender system based on tag and time information for social tagging systems [J]. Expert Systems with Applications, 2011, 38(4):4575-4587.

[64] 张秀杰. 基于信任偏好的个性化推荐[J]. 计算机系统应用，2014(1):109-113.

[65] 张富国. 用户多兴趣下基于信任的协同过滤算法研究[J]. 小型微型计算机系统，2008(8):1415-1419.

[66] Gunes Ihsan, Kaleli Cihan, Bilge Alper, et al. Shilling attacks against recommender systems: a comprehensive survey [J]. Artificial Intelligence Review, 2012, 42(4):767-799.

[67] Mobasher Bamshad, Burke Robin, Bhaumik Runa, et al. Toward trustworthy recommender systems: An analysis of attack models and algorithm robustness[J]. ACM Transactions on Internet Technology, 2007, 7(4).

[68] 徐翔，王煦法. 基于 SVD 的协同过滤算法的欺诈攻击行为分析[J]. 计算机工程与应用，2009(20):92-95.

[69] 李聪，骆志刚，石金龙. 一种探测推荐系统托攻击的无监督算法[J]. 自动化学报，2011(2):160-167.

[70] 伍之昂，庄毅，王有权，等. 基于特征选择的推荐系统托攻击检测算法[J]. 电子学报，2012,(8):1687-1693.

[71] 张付志，王波. 基于 SVM 和粗糙集理论的用户概貌攻击检测方法[J]. 小型微型计算机系统，2014(1):108-113.

[72] Zhang Hao, Berg Alexander C., Maire Michael, et al. SVM-KNN: Discriminative nearest neighbor classification for visual category recognition[C]. Proceedings of the 2006 IEEE Computer Society Conference on Computer Vision and Pattern Recognition, CVPR 2006, June 17, 2006-June 22, 2006, New York, NY, United States, 2006: 2126-2136.

[73] 余力，董斯维，郭斌. 电子商务推荐攻击研究[J]. 计算机科学，2007(5):134-138.

[74] Mehta Bhaskar, Nejdl Wolfgang. Unsupervised strategies for shilling

detection and robust collaborative filtering[J]. User Modeling and User-Adapted Interaction, 2009, 19(1-2 SPEC. ISS.):65-97.

[75] Bryan Kenneth, O' Mahony Michael, Cunningham Padraig. Unsupervised retrieval of attack profiles in collaborative recommender systems [C]. Proceedings of the 2008 2nd ACM International Conference on Recommender Systems, RecSys' 08, October 23, 2008-October 25, 2008, Lausanne, Switzerland, 2008:155-162.

[76] 杨一鸣，潘嵘，潘嘉林，等. 时间序列分类问题的算法比较[J]. 计算机学报，2007(8):1259-1266.

[77] Zhou Quanqiang, Zhang Fuzhi. A hybrid unsupervised approach for detecting profile injection attacks in collaborative recommender systems [J]. Journal of Information and Computational Science, 2012, 9(3): 687-694.

[78] 吕成戍，王维国. 基于 SVM-KNN 的半监督托攻击检测方法[J]. 计算机工程与应用，2013(22):7-10.

[79] Wu Zhiang, Cao Jie, Mao Bo, et al. Semi-SAD: Applying semi-supervised learning to shilling attack detection[C]. Proceedings of the 5th ACM Conference on Recommender Systems, RecSys 2011, October 23, 2011-October 27, 2011, Chicago, IL, United States, 2011: 289-292.

[80] Mobasher Bamshad, Burke Robin, Bhaumik Runa, et al. Effective attack models for shilling item-based collaborative filtering systems[C]. Proceedings of the 2005 WebKDD Workshop, held in conjuction with ACM SIGKDD'2005, 2005.

[81] 于洪涛，魏莎，张付志. 基于多目标项目检索的无监督用户概貌攻击检测算法[J]. 小型微型计算机系统，2013(9):2120-2124.

[82] Zheng Shanshan, Jiang Tao, Baras John S. A robust collaborative filtering algorithm using ordered logistic regression[C]. Proceedings of

the 2011 IEEE International Conference on Communications, ICC 2011, June 5, 2011-June 9, 2011, Kyoto, Japan, 2011: IEEE Communication Society; IEICE Communications Society; Science Council of Japan.

[83] 张付志，魏莎. 基于局部密度的用户概貌攻击检测算法[J]. 小型微型计算机系统，2013(4):850-855.

[84] 吕成戍. 基于代价敏感支持向量机的推荐系统托攻击检测方法[J]. 计算机工程与科学，2014(4):697-701.

[85] Li Cong, Luo Zhigang. Detection of shilling attacks in collaborative filtering recommender systems[C]. Proceedings of the 2011 International Conference of Soft Computing and Pattern Recognition, SoCPaR 2011, October 14, 2011-October 16, 2011, Dalian, China, 2011:190-193.

[86] Williams Chad A., Mobasher Bamshad, Burke Robin. Defending recommender systems: Detection of profile injection attacks[J]. Service Oriented Computing and Applications, 2007, 1(3):157-170.

[87] 彭飞，曾学文，邓浩江，等. 基于特征子集的推荐系统托攻击无监督检测[J]. 计算机工程，2014(5):109-114.

[88] Mehta Bhaskar. Unsupervised shilling detection for collaborative filtering [C]. Proceedings of the AAAI-07/IAAI-07 Proceedings: 22nd AAAI Conference on Artificial Intelligence and the 19th Innovative Applications of Artificial Intelligence Conference, July 22, 2007-July 26, 2007, Vancouver, BC, Canada, 2007:1402-1407.

[89] Mehta Bhaskar, Hofmann Thomas, Nejdi Wolfgang. Robust collaborative filtering[C]. Proceedings of the RecSys'07: 2007 1st ACM Conference on Recommender Systems, October 19, 2007-October 20, 2007, Minneapolis, MN, United States, 2007:49-56.

[90] Chung Chen-Yao, Hsu Ping-Yu, Huang Shih-Hsiang. βp: A novel approach to filter out malicious rating profiles from recommender

systems[J]. Decision Support Systems, 2013, 55(1):314-325.

[91] Lee Jong-Seok, Zhu Dan. Shilling attack detection-A new approach for a trustworthy recommender system[J]. INFORMS Journal on Computing, 2012, 24(1):117-131.

[92] Williams Chad A., Mobasher Bamshad, Burke Robin, et al. Detecting profile injection attacks in collaborative filtering: A classification-based approach[C]. Proceedings of the 8th International Workshop on Knowledge Discovery on the Web, WebKDD 2006, August 20, 2006-August 20, 2006, Philadelphia, PA, United States, 2007:167-186.

[93] Wang Gang, Hao Jinxing, Ma Jian, et al. A new approach to intrusion detection using Artificial Neural Networks and fuzzy clustering[J]. Expert Systems with Applications,2010,37(9):6225-6232.

[94] 陈健，区庆勇，郑宇欣，等. 基于语义聚类的协作推荐攻击检测模型[J]. 计算机应用，2009(5):1312-1315,1320.

[95] 李聪，骆志刚. 用于鲁棒协同推荐的元信息增强变分贝叶斯矩阵分解模型[J]. 自动化学报，2011(9):1067-1076.

[96] Cao Jie, Wu Zhiang, Mao Bo, et al. Shilling attack detection utilizing semi-supervised learning method for collaborative recommender system [J]. World Wide Web, 2013, 16(5-6):729-748.

[97] Wu Zhiang, Wu Junjie, Cao Jie, et al. HySAD: A semi-supervised hybrid shilling attack detector for trustworthy product recommendation [C]. Proceedings of the 18th ACM SIGKDD International Conference on Knowledge Discovery and Data Mining, KDD 2012, August 12, 2012-August 16, 2012, Beijing, China, 2012:985-993.

[98] Zhang Fuguo. Average shilling attack against trust-based recommender systems[C]. Proceedings of the 2009 International Conference on Information Management, Innovation Management and Industrial Engineering, ICIII 2009, December 26, 2009-December 27, 2009,

Xi'an, China, 2009:588-591.

[99] Zhang Fuguo. Analysis of bandwagon and average hybrid attack model against trust-based recommender systems [C]. Proceedings of the 2011 International Conference on Management of e-Commerce and e-Government, ICMeCG 2011, November 5, 2011-November 6, 2011, Wuhan, Hubei, China, 2011:269-273.

[100] 张付志, 高峰, 白龙. 基于攻击检测的用户可信度计算方法[J]. 计算机工程, 2010(16):118-120.

[101] McSherry Frank, Mironov Ilya. Differentially private recommender systems: building privacy into the net [C]. Proceedings of the 15th ACM SIGKDD International Conference on Knowledge Discovery and Data Mining, 2009:627-636.

[102] Tang Tong, Tang Yan. An effective recommender attack detection method based on time SFM factors [C]. Proceedings of the 2011 IEEE 3rd International Conference on Communication Software and Networks, ICCSN 2011, May 27, 2011-May 29, 2011, Xi'an, China, 2011:78-81.

[103] Zhang Sheng, Chakrabarti Amit, Ford James, et al. Attack detection in time series for recommender systems [C]. Proceedings of the KDD 2006: 12th ACM SIGKDD International Conference on Knowledge Discovery and Data Mining, August 20, 2006-August 23, 2006, Philadelphia, PA, United States, 2006:809-814.

[104] 黄光球, 刘嘉飞. 基于记忆原理的推荐系统托攻击检测模型[J]. 计算机工程, 2012(5):25-29,34.

[105] Burke Robin, Mobasher Bamshad, Williams Chad, et al. Detecting profile injection attacks in collaborative recommender systems [C]. Proceedings of the CEC/EEE 2006 Joint Conferences, June 26, 2006-June 29, 2006, San Francisco, CA, United States, 2006: IEEE Computer Society Technical Committee on Electronic Commerce.

[106] Gao Min, Wu Zhongfu. Personalized context and item based collaborative filtering recommendation [J]. Dongnan Daxue Xuebao (Ziran Kexue Ban)/Journal of Southeast University (Natural Science Edition), 2009, 39(SUPPL. 1):27-31.

[107] Sandvig J. J., Mobasher Bamshad, Burke Robin. Robustness of collaborative recommendation based on association rule mining[C]. Proceedings of the RecSys' 07: 2007 1st ACM Conference on Recommender Systems, October 19, 2007-October 20, 2007, Minneapolis, MN, United states, 2007:105-111.

[108] 徐玉辰，梁强，张付志. 基于目标项目识别的用户概貌攻击检测算法[J]. 小型微型计算机系统，2011(7):1370-1374.

[109] Zhang Sheng, Ouyang Yi, Ford James, et al. Analysis of a low-dimensional linear model under recommendation attacks [C]. Proceedings of the 29th Annual International ACM SIGIR Conference on Research and Development in Information Retrieval, August 6, 2006-August 11, 2006, Seatttle, WA, United States, 2006:517-524.

[110] Scholkopf Bernhard, Burges Chris, Vapnik Vladimir. Incorporating invariances in support vector learning machines[C]. Proceedings of the 1996 International Conference on Artificial Neural Networks, ICANN 1996, July 16, 1996-July 19, 1996, Bochum, Germany, 1996:47-52.

[111] Suykens J. A. K., Vandewalle J. Least squares support vector machine classifiers[J]. Neural Processing Letters, 1999, 9(3):293-300.

[112] Burges C. J. C. A tutorial on Support Vector Machines for pattern recognition[J]. Data Mining and Knowledge Discovery, 1998, 2(2): 121-167.

[113] Horng Shi-Jinn, Su Ming-Yang, Chen Yuan-Hsin, et al. A novel intrusion detection system based on hierarchical clustering and support

vector machines [J]. Expert Systems with Applications, 2011, 38 (1):306-313.

[114] Li Yinhui, Xia Jingbo, Zhang Silan, et al. An efficient intrusion detection system based on support vector machines and gradually feature removal method[J]. Expert Systems with Applications, 2012, 39(1):424-430.

[115] Zhang Fuzhi, Zhou Quanqiang. HHT-SVM: An online method for detecting profile injection attacks in collaborative recommender systems [J]. Knowledge-Based Systems, 2014(65):96-105.

[116] 李聪, 骆志刚. 基于数据非随机缺失机制的推荐系统托攻击探测[J]. 自动化学报, 2013(10):1681-1690.

[117] 吕成戌, 王维国. 不均衡数据集下基于SVM的托攻击检测方法[J]. 计算机工程, 2013(5):132-135.

[118] 陶新民, 郝思媛, 张冬雪, 等. 不均衡数据分类算法的综述[J]. 重庆邮电大学学报:自然科学版, 2013(1):101-110,121.

[119] Wu Junjie, Wu Peng, Chen Jian, et al. Local decomposition for rare class analysis[C]. Proceedings of the KDD-2007: 13th ACM SIGKDD International Conference on Knowledge Discovery and Data Mining, August 12, 2007-August 15, 2007, San Jose, CA, United States, 2007:814-823.

[120] Osuna E., Freund R., Girosi F., et al. Training support vector machines:An application to face detection [M]. 1997 IEEE Computer Society Conference on Computer Vision and Pattern Recognition, Proceedings,1997: 130-136.

[121] Furey T. S., Cristianini N., Duffy N., et al. Support vector machine classification and validation of cancer tissue samples using microarray expression data[J]. Bioinformatics, 2000, 16(10):906-914.

[122] Hsu C. W., Lin C. J. A comparison of methods for multiclass support

vector machines[J]. Ieee Transactions on Neural Networks, 2002, 13(2):415-425.

[123] Cover Thomas M. Rates of convergence for nearest neighbor procedures [C]. proceedings of the Proceedings of the Hawaii International Conference on Systems Sciences, 1968:413-415.

[124] Wu Xindong, Kumar Vipin, Quinlan J Ross, et al. Top 10 algorithms in data mining[J]. Knowledge and Information Systems, 2008, 14(1):1-37.

[125] Chawla Nitesh V., Bowyer Kevin W., Hall Lawrence O., et al. SMOTE: Synthetic minority over-sampling technique[J]. Journal of Artificial Intelligence Research, 2002(16):321-357.

[126] Mahmoudi Shadi, Moradi Parham, Akhlaghian Fardin, et al. Diversity and separable metrics in over-sampling technique for imbalanced data classification[C]. Proceedings of the 4th International Conference on Computer and Knowledge Engineering, ICCKE 2014, October 29, 2014-October 30, 2014, Azadi Square, Mashhad, Iran, 2014: 152-158.

[127] De La Calleja Jorge, Fuentes Olac. A distance-based over-sampling method for learning from imbalanced data sets[C]. Proceedings of the 20th International Florida Artificial Intelligence Research Society Conference, FLAIRS 2007, May 7, 2007-May 9, 2007, Key West, FL, United States, 2007:634-635.

[128] Han Hui, Wang Wen-Yuan, Mao Bing-Huan. Borderline-SMOTE: A new over-sampling method in imbalanced data sets learning [C]. Proceedings of the International Conference on Intelligent Computing, ICIC 2005, August 23, 2005-August 26, 2005, Hefei, China, 2005: 878-887.

[129] Kent John T. Information gain and a general measure of correlation[J].

Biometrika, 1983, 70(1):163-173.

[130] Chang Chih-Chung, Lin Chih-Jen. LIBSVM: A Library for Support Vector Machines[J]. Acm Transactions on Intelligent Systems and Technology, 2011, 2(3).

[131] 邬俊, 鲁明羽, 刘闯. 基于混合学习框架的SVM反馈算法研究[J]. 电子学报, 2010(9):2101-2106.

[132] 张靖, 何发镁, 邱云. 个性化推荐系统描述文件攻击检测方法[J]. 电子科技大学学报, 2011(2):250-254.

[133] Rosenblatt Murray. A central limit theorem and a strong mixing condition[J]. Proceedings of the National Academy of Sciences of the United States of America, 1956, 42(1):43.